茶树病虫害识别与防治手册

唐美君 主编

U0333013

中国农业出版社
北京

图书在版编目（CIP）数据

茶树病虫害识别与防治手册／唐美君主编．—北京：
中国农业出版社，2022.10
ISBN 978-7-109-29998-6

Ⅰ.①茶… Ⅱ.①唐… Ⅲ.①茶树–病虫害防治–手
册 Ⅳ.① S435.711-62

中国版本图书馆 CIP 数据核字（2022）第 167225 号

茶树病虫害识别与防治手册
CHASHU BINGCHONGHAI SHIBIE YU FANGZHI SHOUCE

中国农业出版社出版
地址：北京市朝阳区麦子店街 18 号楼
邮编：100125
责任编辑：陈　瑨
责任校对：沙凯霖
印刷：北京缤索印刷有限公司
版次：2022 年 10 月第 1 版
印次：2022 年 10 月北京第 1 次印刷
发行：新华书店北京发行所
开本：787mm×1092mm　1/32
印张：3.875
字数：120 千字
定价：48.00 元

编写人员名单

主 编

唐美君

副主编

冷 杨　占红木

编写人员

(按姓氏笔画排序)

王志博　占红木　肖 强　冷 杨
周孝贵　周凌云　郭华伟　唐美君

前　言
PREFACE

　　茶树病虫害种类繁多，目前我国有记录的茶树病虫达1057种。其中，主要病虫害有数十种，它们对茶叶生产构成很大为害，轻则影响产量、品质，重则影响树势，甚至导致茶园大面积毁损。因此，茶树病虫害防治工作任务重、责任大。同时，随着全球气候变暖、茶树种植方式和农药品种的变化，茶树病虫害出现新的发生趋势。有些病虫在局部茶区爆发为害，且有蔓延加重之势；有些次要害虫上升为主要害虫；有些新记录的害虫亟须引起大家重视。广大的基层茶叶生产管理者对病虫害认识少，给病虫害防治工作带来极大困扰，为此我们组织相关专家编写了本手册。

　　本手册精选目前茶叶生产上主要的病虫害种类和一些未来可能造成较大为害的种类，共53种。其中病害13种，包括重要的侵染性病害8种和易被忽视的生理性病害5种；虫害40种，包括吸汁类害虫18种、食叶类害虫18种、钻蛀类和地下害虫4种。着重用图片展示这些病虫害的形态、症状和为害状，并对其发生规律、习性和防治方法进行文字描述，力求内容形象直观、简洁易懂。本手册携带方便，可供基层植保技术人员和茶叶生产管理人员参阅使用，是茶农朋友防治茶树病虫害的好帮手。

　　受编者能力和水平所限，书中不足之处在所难免，恳请读者批评指正。

编　者

2022年7月

目 录
CONTENTS

前言

第一章 茶树病害识别与防治

第一节 侵染性病害

1 茶饼病

茶饼病又称叶肿病、疱状叶枯病，是茶树上一种重要的芽叶病害。病原菌 *Exobasidium vexans*，属担子菌亚门，外担菌目，外担菌科，外担菌属。为害嫩叶和新梢，直接影响茶叶产量，同时其病叶制茶易碎，所制干茶苦涩，影响茶叶品质。

发病规律 茶饼病病菌以菌丝体在叶片中越冬和越夏。翌年春季或秋季，平均气温 15 ~ 20℃，相对湿度 80% 以上时，形成担孢子。担孢子可被风雨吹送到嫩叶和新梢上，在水滴中孢子发芽，侵入叶片组织，3 ~ 18 天后产生新的病斑，再在病斑上形成担孢子。担孢子成熟后，继续飞散，不断进行再侵染，导致病害流行。

茶饼病属低温高湿型病害，它的发生流行与湿度、温度、日照、降雨等都有密切关系。一般在春茶期和秋茶期发病较重，在夏季高温干旱季节发病轻。具体发病时间取决于各地的气候条件，如贵州湄潭在 3 月下旬至 4 月上旬开始发病，6 月和 9 月为发病盛期；云南西双版纳从 6 月开始发病，7—9 月发病严重，10 月起发病减轻。丘陵、平地的郁蔽茶园，多雨情况下发病重；多雾的高山、高湿凹地及露水不易干燥的茶园发病早且重；管理粗放，

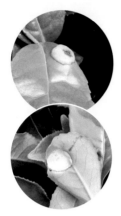

茶饼病病斑（病斑正面浅黄褐色至暗红色，凹陷或凸起，相应的叶片背面凸起或凹陷，上面有灰白色粉状物，后期病斑上粉状物消失，呈褐色枯斑）

通风不良、密闭高湿的茶园发病重；大叶种比小叶种发病重。

防治方法 ①调运茶苗时应加强检疫。②选用抗性品种，如毛蟹、黄旦、梅占、碧云、名山131、早白尖、龙井43、云抗10号等。③农业防治。加强茶园管理，改善茶园通风透光性。勤除杂草，砍除遮阳树，注意减少遮阳。增施钾肥和有机肥。发病严重的茶园可进行适当深修剪。④生物防治。在病害发生初期，可选用3%多抗霉素可湿性粉剂300倍液防治。⑤化学防治。在病害发生初期，视天气情况及时喷药，可选用250克/升吡唑醚菌酯悬浮剂1000～1500倍液。

茶饼病为害状

2 茶网饼病

茶网饼病又称网烧病、白霉病，是一种茶树上常见的叶部病害。病原菌 *Exobasidium reticulatum*，属担子菌亚门，外担菌目，外担菌科，外担菌属。发生程度较茶饼病轻。主要为害成叶，病叶常枯萎脱落，发生严重时对翌年春茶产量有显著影响。

发病规律 茶网饼病病菌以菌丝体在病叶中越冬。翌年春季在潮湿条件下，病斑上面形成白色粉末，即子实层，成为发病的初次侵染源。担孢子随风雨传播，侵入叶片后 10 天左右产生新的病斑。以后病斑上又形成白粉，产生孢子，不断为害叶片。

各地发生时间的差异主要决定于气候，一般在低温高湿条件下发生较重，平均气温 19 ～ 25℃、叶面有水膜的条件最适于该病发生和流行。一年中以春秋两季为发生盛期。浙江、安徽等省一般在秋季（9—10 月）发生最多，江西婺源茶区以 9 月下旬至 11 月中旬发生最重。由于担孢子在直射阳光下或干燥条件下很快丧失萌芽力，因此在比较阴湿的茶园或山间地带发病较重，平地茶园则发病较轻。

防治方法 参照茶饼病。

茶网饼病病斑（叶片背面沿着叶脉出现网状凸起，上覆有白色粉状物）

茶网饼病病斑（叶片正面呈紫褐色或紫黑色）

3 茶白星病

茶白星病又名点星病，是茶树上一种重要的芽叶病害。病原菌 *Elsinoe leucospila*，属子囊菌亚门，多腔菌目，痂囊腔菌科、痂囊腔菌属。主要为害嫩叶和新梢，为害后茶叶百芽重减轻，对夹叶增多，加工后的成茶味苦、色浑、易碎，影响茶叶产量和品质。

发病规律 茶白星病病菌以菌丝体或分生孢子器在病组织中越冬。翌年春季气温在 $10℃$ 以上、湿度适宜时形成孢子，孢子成熟后萌芽，侵染幼嫩组织，经 $1 \sim 2$ 天后，出现新病斑。以后病斑上又形成黑色小粒点，产生孢子。孢子借风雨传播，进行再侵染。

茶白星病属低温高湿型病害。一般在气温 $16 \sim 24℃$、相对湿度 80% 以上时发病重。旬平均气温高于 $25℃$ 时，则不利于发病。多雨的情况下发病重。茶白星病的发生程度和茶园海拔高度密切相关。海拔 900 米以上的高山茶园发病重。春茶与秋茶时期是两个发生

嫩叶上的茶白星病病斑（直径 $0.3 \sim 1.0$ 毫米，最大直径可达 2 毫米）

老叶和茎干上的茶白星病病斑

高峰期，尤其是春茶多雨季节发生最为严重。

　　防治方法　①选用抗病品种，如乌牛早等相对抗性较强的茶树品种。②农业防治。在茶白星病高发茶区，春茶采摘后可大面积深修剪以降低病原基数。③生物防治。在发病初期进行防治，可选用 3% 多抗霉素可湿性粉剂 180 倍液。④化学防治。在发病初期选用 10% 苯醚甲环唑水乳剂 1000 倍液进行防治，或 250 克/升吡唑醚菌酯悬浮剂 1000 倍液，配施植物诱抗剂 5% 壳寡糖水剂 3000 倍液进行防治。

茶白星病病原菌分生孢子 [卵形，(1.5～5.0) 微米 ×(1.0～2.5) 微米]

4 茶炭疽病

茶炭疽病是一种茶树上常见的叶部病害。病原菌 *Discula theae-sinensis=Gloeosporium theae-sinensis*，属盘菌亚门，间座壳目，黑腐皮壳科，座盘孢属。发病后茶树出现大量枯焦病叶，严重发生时可引起大量落叶，影响茶树生长势和茶叶产量。

发病规律 茶炭疽病病菌以菌丝体在病叶组织中越冬。翌年春季气温上升，在有雨的情况下，病斑上形成分生孢子。分生孢子借助雨水传播，从叶背茸毛基部侵入叶片组织。从孢子在茸毛上附着到叶面出现圆形小病斑一般需 8 ～ 14 天，到形成赤褐色大型斑块一般需 15 ～ 30 天。由于潜育期较长，虽炭疽病菌多在嫩叶期侵入，但通常在成叶期才出现症状。

温度和降雨是影响茶炭疽病发生的重要气候因素，

茶炭疽病初期病斑

茶炭疽病病斑（大型红褐色枯斑，后期可变为灰白色；病斑正面散生许多黑色、细小的凸出粒点）

春夏之交及秋季雨水较多的季节，茶炭疽病发生较重。在我国茶炭疽病全年均可发生，但有 2 个发生高峰，分别为 5—6 月梅雨期和秋季多雨期，尤其以秋季发生最多。在浙江，茶炭疽病发生一般有 2 个高峰，分别是 6 月和 10—11 月，秋季发病程度最盛。一般秋季发病严重的茶园，翌年春季或夏季也发病较重。氮肥施用较多的茶树及树势衰弱的茶树易发病。

　　防治方法　①选用抗病品种，如中茶 108、迎霜、黔湄 419、白毫早、福鼎大毫茶等。②农业防治。秋冬季将落在土表的病叶埋入土中对减少翌年侵染源有重要作用。增施钾肥可以显著减轻茶炭疽病的发生。有条件的可人工摘除树上病叶，对减轻翌年发病有显著作用。发病较重的茶园可适当进行重修剪。③化学防治。防治时期应掌握在发病初期或发病前，可选用 250 克 / 升吡唑醚菌酯悬浮剂 1000 ～ 1500 倍液，或 22.5% 啶氧菌酯悬浮剂 1000 ～ 2000 倍液，或 10% 苯醚甲环唑水分散粒剂 1500 倍液，或 75% 百菌清可湿性粉剂 600 ～ 800 倍液等。④ 冬季封园管理可选用 99% 矿物油乳油 100 倍液或 45% 石硫合剂结晶粉 150 倍液。

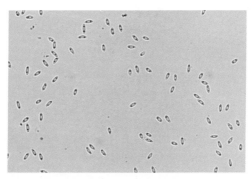

茶炭疽病病原菌分生孢子 [梭形，(3 ～ 6) 微米 × (2.0 ～ 2.5) 微米]

5 茶云纹叶枯病

　　茶云纹叶枯病又称叶枯病，是常见成叶、老叶病害之一。病原菌有性态 *Guignardia camelliae= Glomerella cingulata*，属子囊菌亚门，座囊菌目，座囊菌科，球座菌属；无性态优势种 *Colletotrichum camelliae*，属半知菌亚门，黑盘孢目，黑盘孢科，刺盘孢属。病害发生严重时，茶园呈枯褐色，幼龄茶树则可整株枯死。

　　发病规律　茶云纹叶枯病病菌以菌丝体或分生孢子盘在茶树病组织或土表落叶中越冬。病菌在侵染循环中以无性世代起主要作用。翌年春季，在潮湿条件下病斑上形成分生孢子，孢子依靠雨水传播，侵入叶片后5～18

茶云纹叶枯病病斑（叶片正面）（褐色，半圆形或不规则形，上生波浪状轮纹，似云纹状；后期病斑中央变灰白色，病斑上有灰黑色扁平的小粒点，且沿轮纹排列）

茶云纹叶枯病病斑（叶片背面）

天就可产生新的病斑。除严冬外，可不断重复侵染。

茶云纹叶枯病为高温高湿型病害，夏秋季为发病盛期。在江南茶区一般 4 月病情开始上升，5—6 月病情明显增长，8 月下旬至 9 月上旬病害流行，为病害盛发期。华南茶区 6—7 月为流行期，10 月中旬后病情发展缓慢。病害发生和茶树生长状况密切有关。茶树冬季受冻或夏季干旱后都易发此病。品种间抗病性差异明显，云南大叶种、凤凰水仙等品种易感病。地下水位高、排水不良、肥料不足、管理粗放的茶园发病较重。

防治方法 ①选用抗病品种，如梅占、龙井群体种、铁观音等。②农业防治。秋茶结束后结合深耕，将落在土表的病叶翻入土层深处，以减少病原。增施肥料，抗旱防冻，促使茶树生长健壮，提高抗病力。③化学防治。参照茶炭疽病。

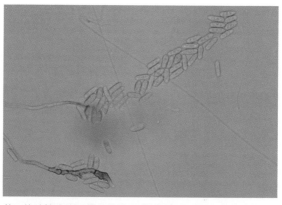

茶云纹叶枯病病原菌分生孢子［长椭圆形，(10～21) 微米 ×(3～6) 微米］

6 茶轮斑病

茶轮斑病又称茶梢枯死病，是茶园常见的叶部病害。病原菌优势种 *Pestalotiopsis theae*，属半知菌亚门，炭角菌目，圆孔壳科，拟盘多毛孢属。主要为害成叶和老叶，被害叶片会大量脱落，严重时引起枯梢，致使产量受损，茶树长势变弱。

发病规律 茶轮斑病病菌以菌丝体或分生孢子盘在病叶中越冬。翌年春季当环境适宜时产生分生孢子，孢子借雨水传播，在水滴中发芽，主要从茶树叶片的伤口处（如采摘、修剪和机采的伤口、害虫为害部位）侵入。

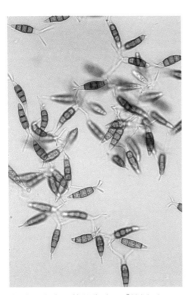

茶轮斑病病原菌分生孢子 [纺锤形，(23～35)微米×(5.5～8.0)微米，顶端有附属丝]

1～2周后即可产生病斑。病斑逐渐扩大，在潮湿条件下形成子实层（小黑点）。孢子成熟后由雨水溅滴传播，进行再侵染。病菌对无伤口的健全叶片一般无致病力。

茶轮斑病是一种高温高湿型病害。一般在夏秋茶季发生较重，春茶期发生少。高湿条件有利于孢子的形成和飞散，因此在排水不良的茶园、密植茶园和扦插苗圃中发病较重。由修剪或机采造成较多的伤口、虫害严重或管理粗放的茶园，茶树抗病力弱，发病较多。

防治方法 ①选用抗病品种，茶园中小叶品种对茶轮斑病抗性较强。②农业防治。尽量减少农事操作所造成的伤口，并注意防涝抗旱，提高茶树的生长势。③生物防治。在发病初期喷施3%多抗霉素可湿性粉剂300倍液。④化学防治。在发病初期喷施药剂，施药时间掌握在春茶结束后（5月中下旬）和修剪后。在高温高湿季节扦插苗圃和温室苗圃都应及早喷药防治，以防止茎腐症状的出现。选用药剂参照茶炭疽病。⑤冬季封园可选用45%石硫合剂结晶粉150倍液或99%矿物油乳油100倍液。

茶轮斑病病斑（多为圆形，具明显的同心轮纹；后期病斑上出现呈轮纹状排列的浓黑色小粒点）

7 茶煤病

茶煤病是一类发生普遍的叶部病害。病原菌是一个庞大的类群，主要属于子囊菌亚门和半知菌亚门两个类群，可分为寄生性和腐生性两类。其中最常见的病原菌 *Neocapnodium theae*，属子囊菌亚门，座囊菌目，新煤炱属。茶煤病发生在茶树枝叶上，以叶片为主，茶煤病的发生使得茶树进行光合作用的面积减少，引起茶树树势衰老，芽叶生长受阻，影响产量。

发病规律 茶煤病病菌以菌丝体、子囊壳在病部越冬。翌年春季在适宜条件下形成孢子进行传播。寄生性

茶煤病为害状

煤病菌的寄主范围较狭窄，病菌侵入茶树叶片和枝梗组织，直接从茶树中获得营养。腐生性煤病菌的寄主范围很宽，主要从为害茶树的蚧、粉虱、蚜虫分泌的蜜露中获得营养，并不侵入茶树组织内部，是一种附生微生物。病菌在生长季节扩展蔓延，并可通过蚧、粉虱、蚜虫的活动进行蔓延，因此该病的发生与这几类害虫发生密切相关。茶园管理不良、荫蔽潮湿，蚧和粉虱往往发生严重，有利于茶煤病的发生。

防治方法 ①农业防治。加强茶园管理，适当修剪，以利通风透光、增强树势，可减轻蚧、粉虱的为害，从而减轻茶煤病的发生。②化学防治。控制粉虱、蚧和蚜虫的为害是防治茶煤病尤其是腐生性煤病菌引起的茶煤病的根本措施，对于寄生性煤病菌可选用杀菌剂进行防治。③早春或深秋茶园停采期可喷施 0.5 波美度石硫合剂，或 45% 石硫合剂结晶粉 150 倍液，或 99% 矿物油乳油 100 倍液，防止病害扩展，还可兼治蚧、粉虱和螨。

8 地衣和苔藓

地衣和苔藓是寄生在茶树枝干上的一种低等生物。地衣是真菌和藻类的共生体，苔藓属低等植物。地衣和苔藓附生在枝干上，使茶树树势更趋衰老，产量下降，并为害虫提供越冬和藏匿的场所。

发病规律 地衣和苔藓一般在5—6月温暖潮湿的季节生长最盛。苔藓多发生在阴湿的茶园，地衣则在山地茶园发生较多。老茶园树势衰弱、树皮粗糙易发病，生产上管理粗放、杂草丛生、土壤黏重及湿气滞留的茶园发病重。

防治方法 ①及时清除茶园杂草，合理疏枝，清理丛脚，改善茶园小气候。加强茶园肥培管理，使茶树生长旺盛，提高抗病力。②药剂防治。秋冬停止采茶期，用草木灰浸出液煮沸以后进行浓缩，涂抹在地衣或苔藓病部，控制病害的发展。③发生严重的茶园，可采用深修剪或重修剪进行茶园改造。

茶树枝干上的地衣和苔藓

第二节 生理性病害

茶树生理性病害指由不良环境因素、营养缺乏或过量和其他遗传因素所引起的病害。常见的有冻害、旱害、日灼病、缺素症和农药施用不当引起的药害等。

1 冻害

发病规律 冻害指低空温度或者土壤温度短时期内降至 0℃ 以下，使茶树遭受的伤害。在茶树越冬期和萌芽期容易发生，茶树受冻后成叶边缘变褐色，叶片呈现紫褐色，嫩叶出现"麻点"或"麻头"。一般以初春时的低温霜冻即倒春寒和冬季寒潮来临时的冻害发生较多，对春茶产量影响较大。

春季茶芽遭受冻害后的症状（韩文炎 提供）

冬季寒潮过后茶树出现枯焦

防治方法 ①注意天气预报，在寒潮或霜冻来临前进行茶园覆盖。冬季可在茶行中间地面上覆盖稻草或杂草，提高土壤温度；春季可用无纺布、地膜、遮阳网、稻草等直接覆盖在茶篷面上，或在距离茶篷面 10 ～ 20 厘米处架设棚架，然后再用稻草等物覆盖，防霜冻效果更好。②有条件的可在茶园安装防冻风扇或采用喷灌除霜，可减轻霜冻。北方茶园则需搭建拱棚预防冻害。

2 旱害

发病规律 茶树遭受干旱后芽叶生长受阻，由于叶片水分的转移特性，蓬面表层成熟叶片先出现焦边、焦斑，然后逐步向叶片内部和基部扩展，叶片受害区域与尚未受害的区域界线分明，受害顺序为先叶肉后叶脉，成叶最先出现枯焦，然后是老叶，最后是顶芽嫩茎，先地上部后地下部。常与高温一起引起高温旱害。

防治方法 ①及时灌溉。可采用喷灌、滴灌等措施。②在茶园中科学遮阳可有效减少高温干旱对茶树的伤害。可在茶树上方架设遮阳网，遮阳网须距离茶蓬50厘米以上。

夏季干旱后叶片出现枯焦

3 日灼病

发病规律　日灼病在夏季高温季节发生较多，多由于强烈阳光直接照射引起茶树叶片快速变色、坏死和落叶，影响茶树的生长势。一般发生在茶树轻修剪或深修剪后，遇强阳光和高温时，留在茶蓬表面的叶片常会迅速变色而出现日灼病症状。在夏季阳光直射强烈、温度高时，发病迅速，往往 1～2 个小时即表现症状。

防治方法　①避免在高温季节进行茶树修剪作业。②在强阳光和高温等易发生日灼病的条件下，可采用杂草、树枝或遮阳网等方式进行茶树遮阳。

盛夏烈日下的日灼病症状

黄化品种初夏时的日灼病症状

4 缺硫症

发病规律 缺硫症的表现为叶片出现斑驳，叶脉保持绿色，其余部分变成黄色，叶片逐渐呈现网状褪绿，叶缘向里卷曲，产生褐色坏死，叶尖枯焦，叶片变脆易碎。严重时可致叶片脱落，全株死去。茶树缺硫症与缺氮有些相似，都表现出叶片黄化，但两者有所区别，缺氮首先发生于老叶，而缺硫则先发生于嫩叶，且叶脉保持深绿色。

防治方法 ①每亩（亩为非法定计量单位，1 亩 ≈ 666.7 米^2，编者加）施用含硫肥料（如硫酸铵、硫酸钾、硫酸镁或硫黄粉等）10 千克，一般可使茶树逐渐恢复；

若缺硫严重，则较难恢复。②做好测土施肥，若土壤缺硫，则在茶苗种植时增加含硫肥料，预防缺硫症。一般来说，土壤质地轻、有机质含量低、茶叶产量高、山区和土壤有效硫含量低于 40 毫克 / 千克的茶园应适当施硫，施硫量以每亩纯硫量 1.3 ～ 4.0 千克为宜。

茶苗缺硫症状

5 农药药害

发病规律 农药药害是由农药施用不当引起，农药施用后一天内即出现嫩梢和嫩叶组织局部坏死，叶片上出现黑色坏死斑或芽叶枯焦的现象。农药施用不当通常有以下几种情况：喷药时期气温高、日照强，施药浓度过高、远远超出正常使用浓度，将除草剂当成杀虫剂喷施到茶篷上，不恰当地混用多种农药，等等。

防治方法 药害较严重的茶园需进行适当修剪。平时在农药使用时须做到：①注意喷施农药时的天气情况，当气温高于30℃且有强烈阳光照射时不能喷施农药。②坚持科学、合理地使用农药，仔细阅读农药的使用说明书，不要随意提高用药浓度。③喷施农药前要把配药和喷药

高温天烈日下喷施农药后出现的药害

的器具清洗干净。④采用机动弥雾机、植保无人机等低容量喷雾方式时，由于用水量少，喷出的药液浓度高，选择农药时要注意农药的特性，避免出现药害。

29% 石硫合剂水剂高浓度下（10 倍液）出现药害

250 克 / 升吡唑醚菌酯乳油高浓度下（40 倍液）出现药害

第二章 茶树害虫识别与防治

第一节 吸汁类害虫

1 茶小绿叶蝉

茶小绿叶蝉 *Matsumurasca onukii*，又名小贯松村叶蝉、小贯小绿叶蝉，曾名假眼小绿叶蝉，属半翅目，叶蝉科，是我国分布最广、为害最重的一种茶树害虫。以成虫、若虫吸取汁液为害茶树，导致茶树芽叶失水、生长迟缓、焦边和焦叶，造成茶叶减产、品质下降。

发生规律和习性 茶小绿叶蝉不同地区一年发生的代数各不相同，江南茶区 9～11 代，华南茶区 12～17

茶小绿叶蝉成虫（体长 3～4 毫米）

茶小绿叶蝉若虫（体长 2.0～2.2 毫米）

代。多以成虫在茶树上或冬作物（豆类）、杂草上越冬。翌年早春转暖时，成虫开始取食，补充营养，并开始孕卵，茶树发芽后开始产卵繁殖。秋末冬初茶树芽梢停止生长，成虫也停止产卵，进入越冬期。全年一般有2个发生高峰，第1个高峰期在5月下旬至6月中下旬，第2个高峰期在9月至11月上旬。或全年只出现1个高峰，高峰期在6—10月，以7—8月虫量最大。时晴时雨、留养及杂草丛生的茶园有利于茶小绿叶蝉的发生。

茶小绿叶蝉为害状（上：红脉期，下：枯焦期）

成虫将卵散产于茶树嫩茎皮层与木质部之间，卵在嫩梢上的分布以芽下第二至第三叶间的嫩茎内占比最高。若虫大多栖息在嫩叶背及嫩茎上，善爬行、善跳、畏光。田间各虫态混杂，世代重叠。

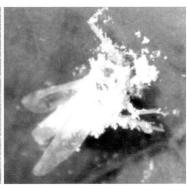

茶小绿叶蝉被真菌寄生

防治方法 ①农业防治。在茶小绿叶蝉发生期间分批、多次采摘，可采除茶树幼嫩组织上的茶小绿叶蝉卵和若虫，抑制其发生数量。采用机采或修剪方式，会更有效降低茶小绿叶蝉的田间虫口数。②物理防治。田间放置色板或安装杀虫灯，可诱杀成虫。③生物防治。在雨季或湿度大的季节可选用 80 亿孢子／毫升金龟子绿僵菌 CQMa421 可分散油悬浮剂 1000 倍液，或 200 亿孢子／克球孢白僵菌可分散油悬浮剂 250 倍液防治。④化学防治。可选用 10% 联苯菊酯水乳剂 2000～3000 倍液，或 15% 茚虫威乳油 3000 倍液，或 240 克／升虫螨腈悬浮剂 2000 倍液等进行防治。防治适期应掌握在发生高峰前期，且田间若虫数占总虫量 80% 以上。

2 黑刺粉虱

黑刺粉虱 *Aleurocanthus spiniferus*，属半翅目，粉虱科，是在我国茶区发生范围较广的一种吸汁类茶树害虫。以若虫固定在叶背刺吸茶树汁液为害，同时分泌蜜露，诱发煤病，影响茶叶产量和品质。

发生规律和习性 黑刺粉虱在长江中下游地区1年发生4代，以老熟若虫在茶树叶背越冬，翌年3月化蛹，4月上中旬羽化。在杭州若虫发生期：第一代4月中旬至6月下旬，第二代6月中旬至8月上旬，第三代8月上旬至10月中旬，第四代10月中旬至越冬。全年以第一代若虫发生较整齐，其余几代均虫态混杂。一年中种群数量不会突发成灾，通常随虫口逐渐积累而为害加重，或随虫口的逐渐下降而为害减轻。在郁闭而阴湿的茶园中发生较重，寄生菌、寄生蜂和瓢虫等对黑刺粉虱有较好的控制作用。

成虫喜栖息在茶树嫩芽叶上或嫩叶背，并吸取汁液补充营养。初孵若虫能缓慢爬行，但很快就在卵壳附近固定为害。若虫老熟后即在原处化蛹。

防治方法 ①农业防治。结合茶园管理，进行修剪、疏枝，保持茶园良好的通风透光性。②物理防治。在成虫发生期，田间放置黄色粘虫板，可诱杀成虫。③生物防治。在雨季或湿度大的季节可使用粉虱真菌制剂进行防治。④化学防治。可选用25%噻虫嗪水分散粒剂10 000倍液，于第一代卵孵化盛末期喷施，采用侧位喷洒，药液重点喷至茶树中、下部叶片和叶背。⑤其他防治。可选用99%矿物油乳油150～200倍液，于第一代卵孵化盛末期喷施。

黑刺粉虱成虫停息在叶背

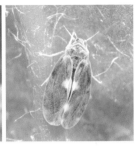

黑刺粉虱成虫(体长
1.0～1.3毫米)

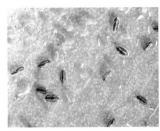

黑刺粉虱卵(长0.24毫米)及
1龄若虫(体长约0.25毫米)

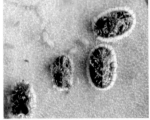

黑刺粉虱蛹(长0.9～1.2毫米)

黑刺粉虱为害状(诱发煤病)

3 茶蚜

茶蚜 *Toxoptera aurantii*，又称茶二叉蚜，俗称蜜虫、油虫，属半翅目，蚜虫科，是一种茶园常见害虫。以若蚜和成蚜聚集在新梢嫩叶背及嫩茎上刺吸汁液为害，被害芽叶萎缩卷曲，生长停滞，除直接吸取汁液为害茶树外，还可分泌蜜露引发煤病，影响茶叶产量和品质。

发生规律和习性 茶蚜在浙江、安徽一带一年发生25代以上，以卵在茶树叶背越冬，翌年2月下旬开始孵化。在华南地区多以无翅蚜越冬，有时无明显的越冬现象。全年有2次发生高峰，分别是4月下旬至5月上中旬、9月下旬至10月中旬，以第一次高峰为害更重。食蚜蝇、瓢虫、草蛉、蚜茧蜂等天敌对茶蚜种群可起到明显的抑制作用。

茶蚜趋嫩性强，芽下第一、二叶上的虫量占总虫量

茶蚜为害状（若虫体长约1毫米，成虫体长 1.6～2.0 毫米）

茶蚜被蚜茧蜂寄生后成僵蚜

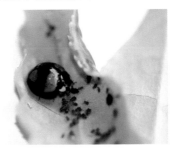

瓢虫成虫捕食茶蚜

的90%以上。成虫多为孤雌生殖，繁殖速率快。至秋末，随着气温下降，出现两性蚜，交配后产卵越冬。一般多为无翅蚜，当虫口密度大或环境条件不利时，形成有翅蚜，飞迁到其他嫩梢为害。

防治方法 ①农业防治。及时分批采摘可带走嫩叶上的蚜群。②物理防治。茶蚜对色泽有趋性，田间放置黄色粘虫板，可诱杀有翅成蚜。③生物防治。平时茶园少用化学农药，注意保护食蚜蝇、瓢虫、草蛉等天敌。④化学防治。发生较重的茶园宜喷药防治，药剂可选用25%噻虫嗪水分散粒剂10 000倍液，或10%联苯菊酯水乳剂3000倍液，或240克/升虫螨腈悬浮剂1500～2000倍液等。

4 茶网蝽

茶网蝽 *Stephanitis chinensis*，又名茶脊冠网蝽，属半翅目，网蝽科，是我国西南茶区的一种重要害虫。以成虫和若虫群集于叶背吸取汁液，使叶片正面出现连片白色细小斑点，并在叶背排泄黑色的胶状粪便。被害茶树树势衰退，茶芽萌发率低，芽叶细小。

发生规律和习性 茶网蝽一年发生 2～3 代，在高海拔的山区茶园一年发生 2 代，低海拔地区的茶园一年发生 3 代。以卵在茶树叶片中越冬，偶有以成虫越冬。越冬卵在翌年 4 月上中旬陆续开始孵化，5 月上中旬进入盛孵期。第一代若虫发生较为整齐，形成全年第一个虫口高峰。第二代若虫高峰期在 8—10 月，多数地区虫量较第一个虫口高峰低。高温高湿对茶网蝽种群发生不利。

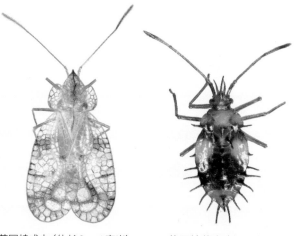

茶网蝽成虫 (体长3～4毫米)　　茶网蝽若虫 (老熟若虫黑褐色，体长2.5～3.0毫米)

成虫大多时间不活跃，多栖于成叶背面，受到惊扰后会陆续飞到附近茶枝上；对黄色粘虫板趋性相对较强。成虫有多次交尾、分批产卵的习性。卵散产，多产于茶丛中、下部成叶背面主脉和侧脉附近叶肉组织内，表皮上多覆盖有黑色胶状排泄物。若虫孵化后，群集于叶背刺吸汁液。

茶网蝽卵（长约 0.3 毫米）

防治方法 ①农业防治。发生较重的茶园可结合春茶后修剪，进行重修剪，将剪下的枝条清理出茶园集中销毁。②物理防治。在成虫期可在茶园中插黄板进行诱集。③生物防治。茶园不使用毒性大的药剂防治病虫害，注意保护军配盲蝽等天敌。可选用植物源农药 5% 除虫菊素水乳剂 1000 倍液进行防治。④化学防治。在第一代若虫发生期喷药防治，注意将药液喷湿叶背，可选用联苯菊酯、高效氯氰菊酯、甲氰菊酯等菊酯类农药 2000 ~ 4000 倍液。

茶网蝽为害状（叶片背面）

茶网蝽为害状（叶片正面）

5 绿盲蝽

绿盲蝽 *Lygus lucorum*，又称花叶虫、小臭虫等，属半翅目，盲蝽科，是一种为害春茶的蝽类害虫。以成虫、若虫刺吸茶树幼嫩芽叶为害。被害芽叶呈现许多红点，后变为褐色枯死斑点。芽叶伸展后，叶面呈现不规则的孔洞，叶片卷缩畸形，叶缘残缺破裂。

发生规律和习性 绿盲蝽在长江流域一年发生5代，在华南地区发生7～8代，以卵在茶树枝条或杂草上越冬。为害茶树均为第一代若虫，为害春茶前期。越冬卵翌年3月底至4月初开始孵化，4月中旬若虫盛发，5月初出现成虫。一般第一代成虫于5月中下旬至6月上旬陆续从茶园迁出，到周边作物或杂草上生活。在10—11月茶树开花期间，第五代成虫部分从茶园周边作物或杂草上迁入茶园中产卵越冬。

绿盲蝽成虫(体长约5毫米)

绿盲蝽趋嫩为害，生活隐蔽，爬行敏捷，成虫善于飞翔。晴天白天多隐匿于茶丛内，早晨、夜晚和阴雨天爬至芽叶上活动为害，刺吸芽内的汁液。

防治方法 ①农业防治。于9月底10月初在茶园周边种植冬豌豆，诱导绿盲蝽将越冬卵产在豌豆上，减少茶树上的越冬基数。在冬季管理期或春茶开采前，集中处理茶园周边杂草，减少越冬卵。②物理防治。在绿盲蝽迁移前期（9月底10月初、翌年5月中旬）在茶园四周放置诱虫色板或绿盲蝽性诱捕器，诱杀成虫。③生物

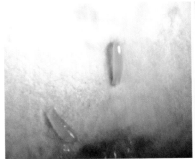

绿盲蝽卵（长 0.5～1.0 毫米）

绿盲蝽若虫（成熟时体长 3.4 毫米）

防治。在越冬卵孵化高峰期，可选用 6% 鱼藤酮微乳剂 1500 倍液进行蓬面低容量喷雾。④化学防治。一般不采用化学防治，如有必要在越冬卵孵化高峰期防治，药剂可选用 240 克/升虫螨腈悬浮剂 2000 倍液，或 2.5% 溴氰菊酯乳油 3000 倍液，或 2.5% 噻虫嗪水分散粒剂 10 000 倍液等。

绿盲蝽为害状（前期）

绿盲蝽为害状（后期）

6 黄胫伛缘蝽

黄胫伛缘蝽 *Mictis serina*，属半翅目，缘蝽科，伛缘蝽属，是近年来新发现的一种刺吸茶树的害虫。以若虫和成虫刺吸茶树嫩茎和嫩叶为害。成虫主要为害嫩梢，口针刺入嫩茎吸取汁液，以致嫩梢枯焦。

发生规律和习性　黄胫伛缘蝽在长江中下游一年发生 2 代，以成虫在枯枝落叶下越冬，翌年 4 月下旬开始交尾、产卵。第一、二代若虫分别发生在 5—7 月、7—9 月。第二代成虫于 8—9 月羽化。食性较杂，一般在其他植物食料缺乏时转移到有嫩梢的茶园中为害。成虫主要为害一芽二、三叶的嫩梢，当茶园中的嫩梢成熟时则转移到其他植物上为害。

防治方法　黄胫伛缘蝽在茶园发生数量较少，一般不必采取防治措施。如果发生较多、为害严重，则可用以下方法防治：①物理防治。晚秋用废纸箱等材料折成有裂缝的诱集板，放在茶园或建筑物旁，椿象等会爬入缝中越冬，早春萌动前将害虫除去。②化学防治。若虫孵化后，可结合茶园其他害虫防治进行兼治。

黄胫伛缘蝽成虫 (左雌右雄，体长 22～30 毫米、宽 9～12 毫米)

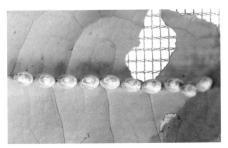

黄胫侏缘蝽卵 (椭圆形，长约 3.5 毫米，褐色，被有一层灰色粉状物)

黄胫侏缘蝽 1 龄若虫 (体长 4.5 ～ 5.0 毫米)

黄胫侏缘蝽为害状

7 茶黄蓟马

茶黄蓟马 *Scirtothrips dorsalis*，又名茶叶蓟马、茶黄硬蓟马，属缨翅目，蓟马科，是茶园常见的一种小型害虫。以若虫和成虫锉吸嫩叶汁液为害，有时也可为害叶柄、嫩茎和老叶。受害叶片背面主脉两侧有 2 条或多条纵向内凹的红褐色条痕，条痕相应的叶正面略凸起。严重时叶背呈现一片褐纹，芽梢出现萎缩，叶片向内纵卷，叶质僵硬变脆。

发生规律和习性 茶黄蓟马在广州一年发生 10 ～ 11 代，以成虫在茶花中越冬或无明显的越冬现象。每年 5 月起虫量开始上升，7—8 月遇高温稍有下降，9 月虫口迅速上升，10 月达到全年最高峰，一直持续至 11 月。全年以 9—10 月为害最盛，气候干旱则更为严重。

茶黄蓟马成虫 (体长 0.8 ～ 0.9 毫米)

成虫以两性繁殖为主，也可营孤雌生殖。成虫多在叶背活动，阴凉天气也会爬至正面活动，受惊后能短距离飞迁，无趋光性，但对色泽趋性强。卵产于芽和嫩叶叶背表皮下，单粒散

茶黄蓟马若虫 (体长 0.5 ～ 0.8 毫米)

产。若虫孵化后多栖息在嫩叶背面锉吸汁液。

防治方法 ①农业防治。分批及时采茶，可以带走在新梢上的卵和若虫。②物理防治。在成虫发生期，田间放置黄色粘虫板，可诱杀成虫。③化学防治。一般结合茶园其他害虫的防治进行兼治。部分茶黄蓟马发生较重的茶园，可选用 240 克 / 升虫螨腈悬浮剂 1500 倍液、或 10% 联苯菊酯乳油 3000 ～ 6000 倍液进行防治。

茶黄蓟马为害状（叶片正面）

茶黄蓟马为害状（叶片背面）

8 茶棍蓟马

茶棍蓟马 *Dendrothrips minowai*，又称棘皮茶蓟马，属缨翅目，蓟马科。以成虫、若虫锉吸汁液为害茶树，为害后茶树叶片失去光泽，变形、质脆，严重时芽叶停止生长，以至萎缩枯竭。

发生规律和习性 茶棍蓟马一年发生多代，世代重叠。在杭州，一年中有 2 次虫口高峰，分别出现在 5—6 月和 9—10 月，7—8 月的高温对种群有明显的抑制作用。成虫活动性较弱，受惊后会弹跳飞翔，白天在阳光照射下多栖息于茶树叶背荫蔽处。卵多散产于芽下第一叶的表皮下叶肉内。若虫趋嫩性强、有群集性，常数十头聚集栖息于嫩叶叶背或叶面；预蛹（3 龄）时停止取食，并沿枝干下爬至土表枯叶下或树干下部苔藓、地衣及茶丛内层形成虫苞化蛹。

防治方法 可参照茶黄蓟马。

茶棍蓟马成虫（体长 0.8～1.1 毫米）

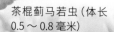

茶棍蓟马若虫（体长 0.5～0.8 毫米）

茶棍蓟马为害状

9 长白蚧

长白蚧 *Lopholeucaspis japonica*，又称长白介壳虫、梨长白介壳虫、茶虱子等，属半翅目，盾蚧科，是茶园常见的蚧类害虫，曾是茶园主要害虫之一。以若虫及雌成虫刺吸汁液为害，为害后茶树发芽减少，对夹叶增多，连续为害数年后，枝干枯死。

发生规律和习性　长白蚧一般一年发生 3 代，以第三代的老熟若虫（雌）及预蛹（雄）在茶树枝干上越冬。翌年 3 月中下旬雄成虫开始羽化，雌成虫 4 月中下旬开始产卵。第一、二、三代卵盛孵期分别在 5 月下旬、7 月中下旬、9 月上中旬。

雄成虫飞翔能力弱，仅能在茶树枝干上爬行，交配后即死亡。雌成虫交配后陆续孕卵，卵产于介壳内、虫体末端，产卵结束后，雌成虫也随之干瘪死亡。初孵若虫活泼善爬，经 2 ～ 5 小时，即在茶树枝叶上选择适合部位固定，并逐渐分泌白色蜡质，覆于体背。一般枝干上虫数最多，雄

长白蚧雌成虫介壳（介壳长 1.5 毫米）

长白蚧雄成虫介壳（比雌介壳短）

性若虫大多分布在叶片边缘锯齿间。第一、二代雄虫多寄生于叶片上，很少为害茎干；雌虫则多寄生于枝干的上部。第三代绝大部分寄生于茶树枝干中下部。

防治方法 ①农业防治。受害重、茶树树势衰败的茶园，可采取深修剪或台刈措施恢复茶树树势。及时排水降低田间湿度，修整茶树中下部枝条，清理茶园杂草，保持茶树通风透光。②化学防治。防治适期掌握在第一代田间卵孵化盛末期，药剂可选用45%马拉硫磷乳油500倍液，采用低容量喷雾，将长白蚧发生部位（枝干和叶片）均匀喷湿。③秋冬季可选用99%矿物油乳油100～150倍液，或29%石硫合剂水剂50倍液进行封园，注意将枝干和叶片都喷湿。

长白蚧卵（椭圆形，淡紫色，长0.20～0.27毫米）和初孵若虫（箭头所指处）

长白蚧为害状

10 龟蜡蚧

龟蜡蚧 *Ceroplastes floridensis*，又名日本蜡蚧，属半翅目，蜡蚧科，是一种茶园常见的蚧类害虫。以若虫和雌成虫刺吸茶树为害，其排泄物还可诱发煤病，影响茶树生长和茶叶产量。

发生规律和习性 龟蜡蚧一年发生1代，以受精雌虫在枝条上越冬。在浙江，越冬雌成虫翌年4月下旬开始产卵，一般5—6月为产卵盛期，6月上旬至7月下旬为孵化期，6月下旬为盛孵期，8月下旬至9月中旬雄成虫羽化。在四川，6月中旬至7月中旬若虫大量发生。

雌虫成熟后产卵于腹下，每雌产卵数百粒，产后虫体干瘪死亡于介壳内。若虫孵化后仍留于母壳内，经数天才从壳中爬出。若虫多数于嫩枝、叶柄、叶面上为害，并分泌蜡质，逐渐形成蜡壳。到8月，雌若虫陆续转移到枝杆上为害，但雄若虫仍留在叶面为害，直至化蛹、羽化。

防治方法 参照长白蚧。

龟蜡蚧雌介壳（长2.7～3.8毫米）

龟蜡蚧雄介壳（长径短于雌介壳）

11 椰圆蚧

椰圆蚧 *Aspidiotus destructor*，又称茶圆蚧、透明蚧、木瓜介壳虫等，属半翅目，盾蚧科，是茶园常见的一种介壳虫。以若虫和雌成虫在叶片背面刺吸汁液为害，被害叶片正面产生黄绿色斑点，严重时造成落叶。

发生规律和习性 椰圆蚧以受精的雌成虫在茶树枝干上越冬，一年发生 2 ～ 3 代。在贵州，一年发生 2 代，第一代若虫 4 月中下旬开始孵化，5 月上旬为孵化盛期；第二代若虫于 7 月中旬开始孵化，8 月上旬为孵化盛期。在浙江，一年发生 3 代，各代若虫孵化盛期分别在 5 月中旬、7 月中下旬、9 月中旬至 10 月上旬。

雌成虫经交配后，陆续在体内孕卵、产卵，卵产在介壳内。初孵若虫爬出介壳后，选择适合部位后固定，并逐渐分泌蜡质覆盖虫体。非越冬代的若虫大多在嫩叶

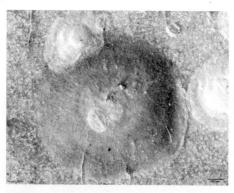

椰圆蚧介壳（雌虫介壳圆形，直径 1.7 ～ 1.8 毫米；雄虫介壳椭圆形，长约 0.75 毫米）

茶枝上的椰圆蚧介壳和初孵若虫（体长约 0.1 毫米）

椰圆蚧为害状（叶片正面出现黄色褪绿斑）

背面取食，取食后即可在嫩叶正面呈现黄色圆形的斑点，随着虫龄的增大和取食量的增加，斑点也逐渐扩大。越冬代的若虫大多分布于枝干上。

防治方法　参照长白蚧。

12 茶蛾蜡蝉

茶蛾蜡蝉 *Geisha distinctissima*，又名碧蛾蜡蝉、绿蛾蜡蝉，属半翅目，蛾蜡蝉科，是茶园常见的一种蜡蝉类害虫。以若虫、成虫刺吸嫩梢和叶片为害，同时成虫在茶树茎干上产卵，影响茶树生长。

发生规律和习性 茶蛾蜡蝉一年发生1代，以卵越冬。浙江、安徽一带，翌年5月上旬开始孵化，5月中旬盛孵，6月中旬成虫开始羽化，7月下旬至8月中旬成虫大量产卵。卵多产于茶丛中下部的嫩梢皮层内。初孵若虫多在茶丛中下部嫩叶背面取食，后转移至嫩梢固定取食，并分泌白色絮状物，逐渐将虫体覆盖，外观像棉絮状物。若虫受惊吓时会瞬间弹跳逃离。

茶蛾蜡蝉成虫（体长6～8毫米）

防治方法 ①农业防治。清园修剪，剪除带卵的茶树枝条。②物理防治。成虫发生期，可在田间放置黄色粘虫板，诱杀成虫。③化学防治。一般可结合茶园其他害虫的防治进行兼治。

茶蛾蜡蝉若虫（体长 5～6 毫米）

茶蛾蜡蝉为害状（左：若虫为害，右：成虫为害）

13 青蛾蜡蝉

青蛾蜡蝉*Salurnis marginellus*，属半翅目，蛾蜡蝉科，是茶园较常见的一种蜡蝉类害虫。以若虫和成虫刺吸茶树汁液为害，同时成虫在茶树茎干上产卵，影响茶树生长。

发生规律和习性 青蛾蜡蝉一年发生1代，以卵在枝条上越冬。6月下旬成虫开始羽化。卵多产于茶丛中下部的嫩梢皮层内。初孵若虫多在茶丛中下部嫩叶背面取食，后转移至嫩梢固定取食，若虫固定取食后，四周分泌白色蜡质絮状物，但胸背无絮状物覆盖。

防治方法 参照茶蛾蜡蝉。

青蛾蜡蝉成虫(体长5~6毫米)　青蛾蜡蝉若虫(体长4~5毫米)

14 可可广翅蜡蝉

可可广翅蜡蝉*Ricania cacaonis*，属半翅目，广蜡蝉科，是茶园较常见的一种蜡蝉类害虫。以若虫、成虫刺吸茶树嫩梢汁液为害，且在嫩梢内产卵，可致嫩梢枯萎死亡。

发生规律和习性 可可广翅蜡蝉以卵在寄主枝条内越冬，一年发生 1～2 代。江苏一年发生 2 代，贵州一年发生 1 代。喜阴湿，畏阳光，在茶丛繁茂、覆盖度大及郁闭的茶园中发生较多。

成虫产卵时先用产卵器在新梢皮层上划一长条形深达木质部的产卵痕，再将卵产成整齐两列。卵多产于茶丛

可可广翅蜡蝉成虫（体长 6 毫米，翅展 16 毫米）

下部新梢皮层内。卵的一端常作鱼鳍状凸起外露，外被白色絮状分泌物。若虫共 5 龄，1～2 龄有群居习性，3 龄后则分散爬至上部嫩梢为害。若虫蜕皮后于嫩茎上取食，并分泌白色絮状物覆盖虫体，体被蜡质丝状物，如同孔雀开屏，栖息处还常留下许多白色蜡丝。

防治方法 ①农业防治。可结合春季修剪、冬季清园，剪除带有卵的茶树枝条。②物理防治。成虫发生期，可在田间放置黄色粘虫板，诱杀成虫。③生物防治。茶园中可可广翅蜡蝉的天敌资源丰富，包括天敌蜘蛛和寄生菌类，注意少用化学农药，保护天敌。④化学防治。一般结合茶园其他害虫的防治进行兼治。

可可广翅蜡蝉
为害状

可可广翅蜡蝉
被蜘蛛捕食

15 茶橙瘿螨

茶橙瘿螨 *Acaphylla steinwedeni*，又名斯氏尖叶瘿螨，属蜱螨目，瘿螨科，是我国茶树主要害螨。以成螨、幼螨、若螨刺吸茶树汁液为害，被害叶常呈黄绿色，叶片正面主脉发红，失去光泽，严重时叶背出现褐色锈斑，芽叶萎缩、干枯、状似火烧，严重影响茶叶产量。

发生规律和习性　茶橙瘿螨以卵、幼螨、若螨及成螨在叶背越冬。在浙江杭州，一年发生约 25 代。一年中有 1 ～ 2 个发生高峰。一年有 2 个高峰的，高峰期分别出现在 5—6 月和 8—11 月，以第一个高峰螨口数更多；多数年份只有 1 个高峰，高峰期一般出现在 8—10 月，以 9—10 月螨量最高。高温和强降雨对种群有抑制作用。

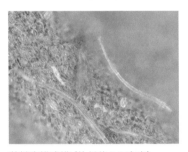

茶橙瘿螨成螨（体长约 0.2 毫米）

茶橙瘿螨营孤雌生殖，卵散产于嫩叶背面，尤以侧脉边凹陷处居多。在螨发生期各虫态混杂，世代重叠现象严重。螨口数量以茶丛上部为多，占总量的 87%，尤其是嫩叶上多。在一芽二叶的芽叶上，以芽下第二叶上的螨量最高。

茶橙瘿螨卵（箭头所指处，球形，半透明，直径约 0.04 毫米）和幼螨

防治方法 ①农业防治。茶橙瘿螨绝大部分分布在一芽二、三叶上，及时分批采摘可带走大量的成螨、卵、幼螨和若螨。②生物防治。在茶橙瘿螨发生高峰前田间放置捕食螨袋，每亩释放胡瓜钝绥螨 6 万～ 7 万头。③化学防治。在螨口数量上升初期进行喷药防治，药剂可选用240 克 / 升虫螨腈悬浮剂1500 ～ 2000 倍液。④其他防治。可选用 99% 矿物油乳油 150 ～ 200 倍液，于螨口数量上升初期喷施。秋冬季可选用 45% 石硫合剂结晶粉 150 倍液，或 29% 石硫合剂水剂 50 倍液，或 99% 矿物油乳油100 ～ 150 倍液进行封园。

茶橙瘿螨为害状 (叶片背面)

茶橙瘿螨为害状 (叶片正面)

16 茶叶瘿螨

茶叶瘿螨 *Calacarus carinatus*，又称龙首丽瘿螨、茶紫瘿螨、茶紫锈螨等，属蜱螨目，瘿螨科，是茶园常见的一种害螨。以成螨、幼螨、若螨刺吸茶树汁液为害，主要为害成叶和老叶。为害初期被害状不明显，叶片正面似有灰白色尘粉物即蜕皮壳。当这种尘粉增多后，叶片逐渐失去光泽，呈紫铜色，茶芽萎缩，质地硬脆，且常沿中脉向上卷曲，最后全叶脱落。

发生规律和习性 茶叶瘿螨一年发生 10 余代，主要以成螨在叶背越冬。茶树生长季节，成螨、幼螨、若螨主要栖息在茶树叶片正面，以叶脉两侧和低洼处为多。卵散产于叶片正面。高温干旱季节繁殖很快，常形成发生高峰。江苏、浙江发生高峰一般出现在 7—8 月，福

茶叶瘿螨成螨、若螨及蜕皮壳（成螨体长约 0.2 毫米，若螨体长 0.05 ～ 0.10 毫米，白色为蜕皮壳）

建为 7—10 月。多雨水，尤其是强降雨对茶叶瘿螨生存不利，可致种群数量急剧下降。

防治方法 茶叶瘿螨在高温干旱季节繁殖很快，在高温干旱季早期，应密切关注螨口发生情况，选用药剂参照茶橙瘿螨。

茶叶瘿螨初期为害状

茶叶瘿螨严重为害状

17　茶跗线螨

茶跗线螨 *Polyphagotarsonemus latus*，又称茶黄螨、侧多食跗线螨和茶半跗线螨等，属蜱螨目，跗线螨科，是茶树主要害螨之一。以成螨、幼螨、若螨栖息在茶树嫩叶背面刺吸汁液为害，被害叶叶片硬化增厚，叶背渐呈现铁锈色，叶片扭曲，芽叶萎缩，严重影响茶叶产量。

发生规律和习性　茶跗线螨一年发生 20～30 代，以雌成螨在茶芽鳞片内、叶柄、缝穴及杂草上越冬。高温干旱的气候条件有利于茶跗线螨的发生发展。一年中，5 月之前一般螨量较少，6 月开始螨量迅速上升，7—8 月达到全年的最高螨量，9 月开始又逐渐下降。天敌主要有捕食螨、蜘蛛、蓟马等，其中德氏钝绥螨对种群增长有明显的抑制作用。

茶跗线螨以两性繁殖为主，雄成螨常背负雌若螨，待变成雌成螨后即与其交尾，雌成螨也能营孤雌生殖。卵单产，散产于芽尖和嫩叶背面。茶跗线螨趋嫩性很强，

茶跗线螨成螨（雌成螨体长 0.20～0.25 毫米，近椭圆形；雄成螨体长 0.16～0.18 毫米，近菱形）

能随芽梢的生长不断向幼嫩部位转移，分布在芽下第一至三叶的螨数占总螨数的 98% 以上。

防治方法　①农业防治。及时分批采摘可带走大量的成螨、卵、幼若螨。发生严重的茶园，可进行轻修剪。夏季做好喷灌、覆盖等茶园抗旱工作，抑制茶跗线螨的发生。勤锄茶园及周围杂草，减少越冬虫源。②生

茶跗线螨为害状（叶片背面，左：初期，右：后期）

茶跗线螨卵（椭圆形，长 0.10～0.11 毫米、宽 0.07～0.08 毫米）

茶跗线螨为害状（叶片正面）

物防治。在茶跗线螨发生高峰期前选用 0.3% 印楝素可溶液剂 500 倍液或 0.5% 藜芦根茎提取物可溶液剂 1000～1500 倍液防治。③化学防治。在螨口发生高峰出现前进行防治，药剂可选用 24% 虫螨腈悬浮剂 1500～2000 倍液。④其他防治。在茶跗线螨发生高峰前期，也可选用 99% 矿物油乳油 150～250 倍液进行防治。秋冬季可选用 45% 石硫合剂结晶粉 150 倍液，或 29% 石硫合剂水剂 50 倍液，或 99% 矿物油乳油 100～150 倍液进行封园。

18 神泽叶螨

神泽叶螨 *Tetranychus kanzawai*，又名神泽氏叶螨，属蜱螨目，叶螨科，可为害蔬菜、果树、茶树等多种植物，是一种重要的农业害螨。以成螨、幼螨、若螨栖息于叶背刺吸茶树汁液为害，受害部位明显黄化。嫩叶受害后从叶尖开始变褐色，最后叶片脱落。老叶受害后背面变褐色并凹陷，叶面隆起褪色，被害处稍黄，同时附有白粉状蜕皮。发生严重时引起落叶和枝梢枯死。

发生规律和习性　神泽叶螨一年发生 10 余代。多以雌成螨在茶丛老叶背面越冬。在温暖地区，各虫态均能混杂越冬。越冬螨体呈朱红色，雌成螨不产卵。最适发育温度为 20～30℃，降雨对种群数量影响较大。降雨少、天气干旱的年份易发生。冬季气温高时发生严重。遮阳茶园比普通茶园发生严重。茶树品种间的发生程度也有较大差异。

防治方法　参照茶跗线螨。

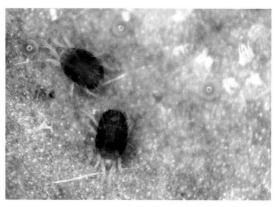

神泽叶螨雌成螨（体长 0.52 毫米、宽 0.31 毫米）和卵

神泽叶螨雄成螨（体长 0.34 毫米、宽 0.16 毫米）和幼螨

神泽叶螨为害状（被害部位发黄）

第二节 食叶类害虫

1 茶尺蠖

茶尺蠖*Ectropis obliqua*，又名小茶尺蠖，俗称拱拱虫，属鳞翅目，尺蛾科，是茶树上一种重要的食叶害虫。以幼虫咬食茶树叶片为害，暴发成灾时，可将嫩叶、老叶甚至嫩茎全部食尽，严重影响茶叶产量。

发生规律和习性 茶尺蠖一般一年发生 5～6 代，以蛹在茶树根际附近土壤中越冬，翌年 2 月下旬至 3 月上旬羽化。在杭州，幼虫发生期为第一代 4 月上中旬，第二代 5 月下旬至 6 月上旬，第三代 6 月中旬至 7 月上旬，以后约每月发生 1 代。全年种群消长呈阶梯式上升，一般 7—8 月形成全年的最高虫量。绒茧蜂、病毒和虫霉是影响茶尺蠖种群的主要天敌因子。

茶尺蠖成虫（体长 9～12 毫米，翅展 20～30 毫米）

茶尺蠖卵（椭圆形，长约0.8毫米、宽约0.5毫米）

茶尺蠖幼虫（成熟时体长26～32毫米）

成虫有趋光性，静止时四翅平展，停息在茶丛中。卵成堆产于茶树树皮缝隙和枯枝落叶等处。1～2龄时常集中为害，形成发虫中心。初孵幼虫活泼、善吐丝，有趋光、趋嫩性，分布在茶树表层叶缘与叶面，取食嫩叶成花斑，稍大后咬食叶片成C形缺刻；3龄幼虫开始取食全叶，分散为害，分布部位也逐渐向下转移；4龄后开始暴食，虫口密度大时可将嫩叶、老叶甚至嫩茎全部食尽。幼虫老熟后，爬至茶树根际附近表土中化蛹。

防治方法　①农业防治。结合茶园冬季施肥，将根际附近落叶和表土中的虫蛹深埋入土，减少越冬基数。

茶尺蠖蛹（长10～14毫米）

茶尺蠖感染核型多角体
病毒后死亡

茶尺蠖被虫霉寄生

②物理防治。在成虫发生期，采用杀虫灯或茶尺蠖性诱捕器诱杀雄蛾，减少下一代幼虫发生量。③生物防治。可在第一、二代或五、六代1龄幼虫期喷施茶尺蠖核型多角体病毒制剂（1万PIB·2000IU/微升茶核·苏云菌悬浮剂）500～1000倍液，或在各代的1～3龄期选用0.6%苦参碱水剂800～1000倍液进行防治。④化学防治。于3龄幼虫期前喷药防治，可选用2.5%高效氯氟氰菊酯微乳剂2500～5000倍液，或240克/升虫螨腈悬浮剂1500～2000倍液，或2.5%联苯菊酯水乳剂1500倍液，或2.5%溴氰菊酯乳油3000倍液等。

茶尺蠖被蜘蛛捕食

2 灰茶尺蠖

灰茶尺蠖 *Ectropis grisescens*，又名灰茶尺蛾，属鳞翅目，尺蛾科，是茶树上一种重要的食叶害虫。与茶尺蠖为近缘种，形态和习性与茶尺蠖极相似，分布范围较茶尺蠖广。以幼虫咬食茶树叶片为害，暴发成灾时，可将嫩叶、老叶甚至嫩茎全部食尽。

发生规律和习性　灰茶尺蠖一年发生 6～7 代，以蛹在茶树根际土壤中越冬。第一代幼虫发生在 4 月上中旬，为害春茶。第二、三、四、五、六代幼虫分别发生在 5 月下旬至 6 月上旬、6 月下旬至 7 月上旬、7 月中旬至 8 月上旬、8 月中旬至 9 月上旬、9 月中旬至 10 月上旬，大致每月发生 1 代，为害夏秋茶。10 月中下旬陆续开始化蛹越冬。绒茧蜂、虫霉、病毒和蜘蛛等天敌是影响灰茶尺蠖种群消长的重要因子。

成虫多于傍晚至当晚羽化，羽化当晚或次晚交尾，趋光性强。幼虫 4～5 龄，高温季节多为 5 龄。初孵幼虫分布在茶丛顶层，为害后形成发虫中心。随虫龄增加，

灰茶尺蠖成虫（体长 9.0～14.2 毫米，翅展 25.5～41.3 毫米）

分布部位也逐渐向下转移。

　　防治方法　①农业防治。结合茶园冬季施肥，将根际附近落叶和表土中的虫蛹深埋入土，减少越冬基数。②物理防治。在成虫发生期，采用杀虫灯或灰茶尺蛾性诱捕器诱杀雄蛾，以减少下一代幼虫发生量。③生物防治。可选择茶尺蠖核型多角体病毒制剂（1 万 PIB·2000IU/ 微升茶核·苏云菌悬浮剂）200 ～ 500 倍液，在第一、二代或六、七代卵期或 1 龄幼虫期喷施；或选用0.6% 苦参碱水剂 800 ～ 1000 倍液，在低龄幼虫期喷施。④化学防治。于低龄幼虫期喷药防治，选用药剂参照茶尺蠖。

灰茶尺蠖卵（椭圆形，长约 0.8 毫米、宽约 0.5 毫米）

灰茶尺蠖幼虫（成熟时体长 29～34 毫米）

灰茶尺蠖蛹（长 11 ～ 15 毫米）

灰茶尺蠖被蜘蛛捕食

灰茶尺蠖感染病毒后死亡

3 茶毛虫

茶毛虫 *Euproctis pseudoconspersa*，又名茶黄毒蛾，属鳞翅目，毒蛾科，是茶树上一种重要的食叶害虫。以幼虫咬食叶片为害，发生严重时可将成片茶园食尽，影响茶树的树势和茶叶产量。同时幼虫虫体上的毒毛及蜕皮壳能引起人体皮肤红肿、奇痒，严重影响采茶、田间管理及茶叶加工。

发生规律和习性 茶毛虫一般以卵块越冬，少数以蛹及幼虫越冬，一般一年发生 2 ～ 5 代。茶毛虫发生代数因各地气候而异。一般浙江中北部、江西北部及长江以北茶区一年发生 2 代、局部 3 代，浙江南部、江西中南部、湖南、广东 3 代，福建 3 ～ 4 代，海南 4 ～ 5 代。2 代区，第一、二代幼虫分别在 4—6 月、7—9 月为害。3 代区，第一、二、三代幼虫分别在 4—5 月、6—7 月、8—10 月为害。

成虫有趋光性。卵块产于茶树中下部叶背，上覆黄

茶毛虫成虫（左：雌虫，体长 8 ～ 13 毫米；右：雄虫，体长 6 ～ 10 毫米）

茶毛虫卵块

茶毛虫高龄幼虫
（体长 12 ～ 22
毫米）

色绒毛。幼虫群集性强，在茶树上具有明显的侧向分布习性。1、2 龄幼虫常百余头群集在茶树中下部叶背，取食下表皮及叶肉，留下表皮呈现半透明膜斑；3 龄幼虫常从叶缘开始取食，造成缺刻，并开始分群向茶行两侧迁移；6 龄起进入暴食期，可将茶丛叶片食尽。幼虫老熟后爬到茶丛基部枝桠间、落叶下或土隙间结茧化蛹。

    防治方法　①物理防治。可利用杀虫灯或茶毛虫性信息素诱捕器在成虫发生期诱杀成虫；也可人工摘除卵块或将群集的幼虫连叶剪下，集中消灭。②生物防治。可在茶毛虫幼虫 1 ～ 3 龄发生期，使用茶毛虫核型多角体病毒·Bt 悬浮剂 1000 倍液，或 8000IU/ 毫克苏云

茶毛虫蛹（长8～12毫米）和茧（长10～14毫米）

金杆菌可湿性粉剂800～1000倍液，或0.6%苦参碱水剂1000倍液防治，注意将茶树中下部叶片正反面都喷湿。③化学防治。掌握在3龄前幼虫期喷药，防治药剂参照茶尺蠖，注意将中下部叶片正反面都喷湿。

茶毛虫感染苏云金杆菌后死亡状

茶毛虫感染病毒死亡

4 茶黑毒蛾

茶黑毒蛾 *Dasychira baibarana*，又称茶茸毒蛾，属鳞翅目，毒蛾科，是茶树上一种重要的食叶害虫。以幼虫取食茶树成叶及嫩叶为害，严重时可将成片茶园食尽，严重影响茶树树势和茶叶产量。

发生规律和习性 茶黑毒蛾一年发生 4 ～ 5 代，一般以卵越冬。在浙江杭州，1 ～ 4 代幼虫发生期分别为 3 月下旬至 5 月上旬、5 月下旬至 7 月上旬、7 月中旬至 8 月下旬、8 月下旬至 10 月中旬。全年以第二代虫量最大，其次为第一代。

成虫具有趋光性。卵成块或散产于茶树中下部叶背、枯枝及杂草茎叶上，数粒至几十粒产在一起。初孵幼虫食尽卵壳后再取食茶叶；1 ～ 2 龄幼虫在成叶背面取食下表皮及叶肉，呈黄褐色网斑；3 龄前幼虫群集性强，3 龄后开始逐渐分散，取食叶片后留下叶脉，直至食尽全

茶黑毒蛾成虫 (体长 13 ～ 18 毫米，翅展 28 ～ 38 毫米)

茶黑毒蛾卵 (球形，顶部凹陷，直径 0.8 ～ 0.9 毫米)

茶黑毒蛾幼虫（成熟时体长 24 ～ 32 毫米）

茶黑毒蛾茧（丝茧椭圆松软）

叶。4、5 龄幼虫有假死性，受惊后卷缩坠落。幼虫老熟后在茶丛基部枝桠、枯枝落叶下或茶树附近杂草丛中结茧化蛹。大发生时，也能在茶树枝叶上结茧化蛹。

　　防治方法　①农业防治。结合秋冬季茶园锄草和施肥等田间管理，清除杂草，可减少越冬卵的数量。②物理防治。在成虫发生期，开杀虫灯进行诱杀，减少下代虫口的基数。③生物防治。在进行害虫防治的时候应选择对天敌杀伤小的农药，注意保护天敌。可在 3 龄幼虫前，选用 0.6% 苦参碱水剂 1000 倍液等进行喷施。④化学防治。掌握在 3 龄前幼虫期防治，选用药剂参照茶尺蠖。

茶黑毒蛾天敌绒茧蜂的茧

茶黑毒蛾天敌寄蝇的蛹（右）

茶黑毒蛾幼虫被真菌寄生

5 茶蚕

茶蚕 *Andraca bipunctata*，又名茶狗子、茶叶家蚕、无毒毛虫，属鳞翅目，蚕蛾科，是茶树上一种较常见的食叶害虫。以幼虫取食茶树叶片为害，发生严重时，可将茶丛叶片全部吃光。

发生规律和习性 茶蚕一年发生2～4代，多以蛹在茶树根际落叶下与杂草间越冬，不同地区的发生代数和越冬虫态存在差异。2代区，第一、二代幼虫分别于5—6月、8—10月为害。3代区，第一、二、三代幼虫为害期分别在4月中旬至6月中旬、6月上旬至8月上旬、9月下旬至10月上旬。在福建，以第二代蛹越夏，第三代幼虫为害期推迟至10月上旬至11月中旬。

成虫趋光性不强，多栖于丛间枝叶或地面上。雌蛾产卵于茶丛中上部嫩叶背面，每头雌蛾可产卵百余粒。初孵幼虫具群集性，群栖于叶背。1龄幼虫在原卵块处

茶蚕雌成虫（体长15～20毫米，翅展40～60毫米）

聚集取食卵壳；2龄幼虫从叶缘向内取食叶肉，仅留主脉；3龄后则群栖于枝上，缠绕成一团，并不断向上取食；老熟幼虫爬至茶树根际处落叶下或表土中结茧化蛹。

防治方法　①农业防治。结合伏耕和冬耕施肥，将根际附近落叶和表土中虫蛹深埋入土。②物理防治。茶蚕幼虫具有群集习性，可进行人工捕捉。③生物防治。可选植物源农药0.6%苦参碱水剂800～1000倍液或200亿孢子/克球孢白僵菌可分散油悬浮剂250倍液防治。④化学防治。施药适期掌握在3龄前幼虫期，可选用2.5%溴氰菊酯乳油2000～3000倍液等菊酯类农药进行防治。

茶蚕雄成虫（体长12～15毫米，翅展26～34毫米）

茶蚕卵（椭圆形，长1.0～1.3毫米、宽0.75毫米）

茶蚕 1 龄幼虫（体长 3～6 毫米）

茶蚕高龄幼虫（体长 32～60 毫米）

茶蚕蛹（长 17～22 毫米） 茶蚕蛹茧（长约 22 毫米）

6 茶刺蛾

茶刺蛾 *Phlossa fascista*，属鳞翅目，刺蛾科，是茶树上一种重要的食叶害虫。以幼虫咬食成叶为害茶树，影响茶树的生长和茶叶产量。同时幼虫刺毛触及人体后，会引起红肿痛痒，影响茶叶采摘及田间管理。

发生规律和习性 茶刺蛾以老熟幼虫在茶树根际落叶和表土中结茧越冬，一年发生 3 ～ 4 代。在杭州，一年发生 3 代，第一、二、三代幼虫发生期分别为 5 月中旬至 6 月下旬、7 月中旬至 8 月下旬、9 月中旬至翌年 4 月上旬。全年一般以第二、三代为害较重。病毒、白僵菌和寄蝇等天敌是抑制茶刺蛾种群的重要因子。

成虫趋光性较强。卵散产于茶丛中下部叶片背面叶缘处。1 ～ 3 龄幼虫活动性弱，一般停留在卵壳附近取食茶树叶片下表皮及叶肉；4 龄后自叶尖向内取食叶片成平直缺刻，并逐渐向茶丛中上部转移；5 龄起可食尽全叶，但一般取食叶片的 2/3 后即转取食其他叶片。幼虫老熟时向下转移到茶丛枯枝落叶或浅土间结茧化蛹。

茶刺蛾成虫 (体长 12 ～ 16 毫米，翅展 24 ～ 30 毫米)

防治方法 ①农业防治。在茶树越冬期，结合施肥和翻耕，清除或深埋蛹茧，可减少翌年害虫的发生量。②物理防治。利用茶刺蛾成虫的趋光性，安装杀虫灯诱杀成虫。③生物防治。在1～2龄幼虫盛发期喷施生物制剂，可选用8000IU/毫克苏云金杆菌可湿性粉剂800～1000倍液，或0.6%苦参碱水剂800～1000倍液，或2×10^7PIB/毫升茶刺蛾核型多角体病毒水剂750～1000倍液。④化学防治。施药适期掌握在3龄前幼虫期，可选用2.5%溴氰菊酯乳油2000～3000倍液，或2.5%高效氯氟氰菊酯乳油2000～3000倍液等菊酯类农药。

茶刺蛾成虫交尾

茶刺蛾6龄幼虫（体长13～18毫米）

茶刺蛾蛹茧（卵圆形，长14毫米，形似茶籽）和正在化蛹的幼虫

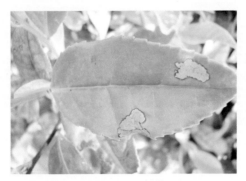

茶刺蛾初期为害状（叶片上有斑膜）

茶刺蛾中后期为害状（叶片如被刀切）

茶刺蛾幼虫被陆马蜂捕食

7 扁刺蛾

扁刺蛾 *Thosea sinensis*，又名洋辣子，属鳞翅目，刺蛾科，是茶园常见的一种刺蛾类害虫。以幼虫取食叶片为害，造成茶叶减产。同时幼虫刺毛能分泌毒汁，人体皮肤触及后引起红肿，影响茶叶采摘及田间管理。

发生规律和习性 扁刺蛾以老熟幼虫在茶树根际表土中结茧越冬，在长江中下游茶区一年发生 2 代，在江西、广东偏南茶区少数可发生 3 代。越冬幼虫 4 月中下旬化蛹，成虫 5 月中旬至 6 月初羽化。在杭州，幼虫发生期为第一代 6 月中旬至 7 月中旬，第二代 8 月中旬至翌年 4 月下旬。一年中以第二代为害较重。益螨、寄蝇等天敌是抑制种群的重要因子。

成虫羽化后即行交尾产卵，卵多散产于叶面。幼虫 7 ～ 8 龄。初孵幼虫停息在卵壳附近，并不取食；蜕第一次皮后啃食叶肉，仅留 1 层表皮；3 ～ 4 龄后自叶尖

扁刺蛾雌成虫(体长 10 ～ 18 毫米，翅展 26 ～ 35 毫米)

扁刺蛾雄成虫 (前翅中央有 1 对小黑点)

扁刺蛾末龄幼虫 (体长 21～26 毫米)

平切蚕食，常取食 1/2 或 2/3 叶片后转害另一叶；随虫龄增大，自下而上渐向蓬面转移为害；自 6 龄起，可取食全叶。幼虫老熟后即下树入土结茧化蛹。

防治方法 ①农业防治。结合冬春茶园耕作，可清除部分越冬虫茧。②物理防治。利用成虫趋光性，安装杀虫灯诱杀成虫。③化学防治。可结合茶园其他害虫的防治进行兼治，一般不需专门防治。

扁刺蛾蛹茧 (卵圆形，长 14 毫米，形似茶籽)

8 茶灰木蛾

　　茶灰木蛾 *Neospastis camellia*，又名茶谷蛾，属鳞翅目，木蛾科，是茶园较常见的一种食叶害虫。以幼虫吐丝缀叶成苞，居中咬食成叶和老叶为害，初孵幼虫部分蛀食嫩梢，发生严重时，可致茶丛光秃，虫粪累累。

　　发生规律和习性　茶灰木蛾一年发生 2～4 代，以幼虫在茶树叶苞中越冬。在海南一年发生 4 代，幼虫发生期分别为 3 月中旬至 5 月上旬、5 月中旬至 7 月中旬、8 月中旬至 9 月下旬、10 月上旬至翌年 3 月。在广西一年发生 2～3 代。第一、二代幼虫分别于 4 月下旬至 6 月中旬、7 月下旬至 9 月上旬盛发。

　　成虫不善飞翔，无趋光性。卵多产于老叶背面，同一叶上有数粒至数十粒。幼虫共 6～8 龄。初孵幼虫大都在两叶之间吐丝结成纺锤形虫苞，匿居其中取食叶肉，黑色粪粒黏附于虫苞周围，3 龄后虫苞缀至数叶。少部分幼虫孵化后，从芽梢叶腋或顶芽蛀入新梢嫩茎取食，蛀孔外虫粪聚积，待 2～3 龄后爬出嫩

茶灰木蛾成虫（体长约 10 毫米，翅展 27～33 毫米）

茶灰木蛾卵（椭圆形，长约 1.2 毫米、宽约 0.8 毫米）

梢，吐丝缀叶结成虫苞，居中取食。4 龄后将叶片吃成缺刻。6～7 龄进入暴食期，严重时连同嫩枝树皮一并吃光。幼虫较活泼，受惊后可脱离虫苞逃走。

防治方法 ①农业防治。适时分批采摘，可摘除 1～2 龄幼虫虫苞和卵块，降低虫口密度。严重发生的茶园可进行轻修剪，剪除虫苞和枯死枝叶。②生物防治。在幼虫 3 龄前防治，可选用 6% 鱼藤酮微乳剂 500 倍液，或 0.6% 苦参碱水剂 1000 倍液进行防治。③化学防治。发生严重时可选用菊酯类农药如 2.5% 溴氰菊酯乳油 2000～3000 倍液等在幼虫 3 龄前进行防治。

茶灰木蛾蛹（长约 9 毫米、宽约 5 毫米）

茶灰木蛾幼虫（成熟时体长 22～28 毫米）

茶灰木蛾的纺锤形虫苞

茶灰木蛾为害状

9 茶卷叶蛾

茶卷叶蛾 *Homona coffearia*，又名褐带长卷叶蛾、后黄卷叶蛾，属鳞翅目，卷叶蛾科，是茶树上一种重要的食叶害虫。以幼虫吐丝卷结嫩叶成苞状，匿居苞中咬食叶肉为害，影响茶叶产量与品质。

发生规律和习性 茶卷叶蛾一年发生4～6代，以老熟幼虫在卷叶苞内越冬。翌年4月上旬开始化蛹，4月下旬开始羽化。在安徽，幼虫发生期分别为5月中下旬、6月下旬至7月上旬、7月下旬至8月中旬、9月中旬至翌年4月上旬。

成虫夜晚活动，趋光性较强。卵产于成叶、老叶正面。初孵幼虫活泼，吐丝或爬行分散，在芽梢上卷缀嫩叶藏身，咬食叶肉。随虫龄增大逐渐增加食叶量，虫苞卷叶数可多达10叶。幼虫老熟后，即留在卷叶苞内化蛹。

防治方法 ①农业防治。结合采摘，及时摘除虫苞和带卵叶片。②物理防治。利用成虫的趋光性，安装杀虫灯诱杀成虫。③生物防治。选用0.6%苦参碱水剂800～1000倍液在1～2龄幼虫盛发期喷施。④化学防治。防治适期掌握在1～2龄幼虫盛发期，药剂选用参照茶尺蠖。

茶卷叶蛾成虫（左雌右雄，体长8～11毫米，翅展23～30毫米）

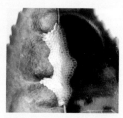

茶卷叶蛾卵块（产于叶片正面，长约10毫米）

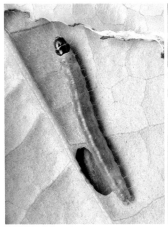

茶卷叶蛾幼虫（成熟时体长 18～26毫米）

茶卷叶蛾蛹（长11～13毫米）

茶卷叶蛾为害状

10 茶小卷叶蛾

茶小卷叶蛾 *Adoxophyes orana*，又称小黄卷叶蛾、棉褐带卷叶蛾，属鳞翅目，卷叶蛾科，是茶树上一种重要的食叶害虫。以幼虫匿居虫苞中咬食叶肉为害，影响茶叶产量与品质。

发生规律和习性 茶小卷叶蛾以老熟幼虫在虫苞中越冬。一年发生代数各地有差异，在贵州一年发生4代，在长江中下游地区发生5代，广东6～7代。在安徽，各代幼虫发生期为第一代4月下旬至5月下旬、第二代6月中旬至6月下旬、第三代7月中旬至8月上旬、第四代8月中旬至9月上旬、第五代10月上旬至翌年4月。全年一般第一、二代为害较重。

成虫有趋光性。卵成块产于茶树中下部成老叶背面。幼虫孵出后向上爬至芽梢，或吐丝随风飘至附近枝梢上，潜入芽尖缝隙内或初展嫩叶端部、边缘吐丝卷结匿居，咀食叶肉。3龄后将邻近二叶至数叶结成虫苞，在苞内咀食，被害叶出现明显的透明枯斑。随虫龄增大，由蓬面逐渐转向茶树中下部为害成叶或老叶。在茶园中有明显的发虫中心。幼虫十分活泼，3龄后受惊常弹跳逃脱坠地。老熟后即在虫苞内化蛹。

防治方法 参照茶卷叶蛾。

茶小卷叶蛾成虫（体长6～8毫米，翅展15～22毫米）

茶小卷叶蛾卵块（产于叶片背面，长5～6毫米）

茶小卷叶蛾幼虫（成熟后体长16～20毫米）

茶小卷叶蛾蛹（长9～10毫米）

茶小卷叶蛾为害状

11 湘黄卷蛾

湘黄卷蛾 *Archips strojny*，属鳞翅目，卷叶蛾科，是近年来茶园新发生的一种卷叶为害的害虫。以幼虫吐丝缀叶，匿居虫苞中咬食叶肉为害，影响茶叶产量与品质。

发生规律和习性 在浙江一年发生4代，以蛹越冬。各代幼虫分别发生在4月上旬至5月上旬、6月上旬至7月上旬、7月中旬至8月中旬、9月上旬至10月下旬。全年一般第一代为害较重。

初孵幼虫十分活泼，喜四处爬行，趋光性极强，并喜吐丝悬挂在茶枝中下部，随风扩散。幼虫吐丝将叶边缘向内卷，匿居其中取食表皮和叶肉，并逐步将嫩叶由叶缘纵向卷成虫苞，躲在苞内取食。幼虫3龄后常吐丝将芽梢的2张叶片缀在一起，躲在其中取食。随幼虫龄期的增加，吐丝所缀结的叶片不断增加。

防治方法 参照茶卷叶蛾。

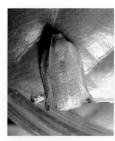  

湘黄卷蛾雌成虫（体长8～11毫米，翅展16.3～23.8毫米）　湘黄卷蛾雄成虫（体长7～10毫米，翅展14.0～18.2毫米）　湘黄卷蛾成虫交尾

湘黄卷蛾卵块（多为长条形，长 5～17 毫米）

湘黄卷蛾幼虫（成熟时体长 12～21 毫米，平均16.7毫米）

湘黄卷蛾蛹（长 8.9～11.0 毫米）

湘黄卷蛾为害状（初期）

湘黄卷蛾为害状（后期）

12 茶细蛾

茶细蛾 *Caloptilia theivora*，又名三角卷叶蛾，属鳞翅目，细蛾科，是茶园常见的一种卷叶为害的害虫。以幼虫在嫩叶上潜叶、卷边和卷苞为害，卷苞常成三角状，其排泄的粪便常积留在苞内。不仅影响茶叶产量，采茶过程中若带入虫苞，还影响茶叶品质。

发生规律和习性 茶细蛾一年发生 7 ～ 8 代，以蛹在茶树中下部老叶背面越冬。第一、二代发生较为整齐，之后出现世代重叠。在长江中下游地区第一代幼虫一般在 4—5 月发生，以后约每隔一个月发生 1 代。茶细蛾在茶园中呈聚集分布，趋嫩为害，主要为害芽下第一、二、三叶。全年中夏茶受害程度重于其他茶季。种群发生数量主要受高温和天敌影响。

茶细蛾成虫具有趋光性，停息时前中足并拢直立，触角、后足与体翅平行，身体侧面观呈"人"字形。卵散产于芽梢嫩叶背面。幼虫孵化后在叶背下表皮潜叶取食叶肉，在叶片背面形成弯曲不规则的潜道（潜叶期）；

茶细蛾成虫（体长 4 ～ 6 毫米，翅展 10 ～ 13 毫米）

茶细蛾幼虫（成熟时体长 7～10 毫米）

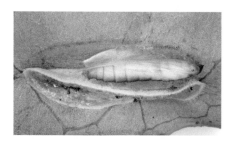

茶细蛾蛹（圆筒形，长 5～6 毫米）

3 龄幼虫将叶缘向叶背卷折，在卷边内取食叶肉，留下透明的下表皮（卷边期）；4 龄后期幼虫将叶尖沿叶背卷成三角形虫苞，在苞内取食，留下枯黄半透明状上表皮（卷苞期）；5 龄幼虫老熟后爬至成叶或老叶背面结茧化蛹。

　　防治方法　①农业防治。结合茶叶采摘，摘除卷边或卷苞受害叶。 ②物理防治。在成虫高峰期用杀虫灯诱杀成虫，或在越冬代和第一、二代成虫期，采用茶细蛾性信息素诱捕器诱杀成虫，压低全年虫口基数。③化学防治。在幼虫潜叶、卷边期，可结合其他害虫的防治进行兼治。

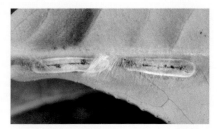

茶细蛾茧（细长椭圆形，长 7.5 ～ 9.0 毫米、宽 1.6 ～ 2.0 毫米）

茶细蛾为害状（卷边期）

茶细蛾为害状（卷苞期）

13 茶褐蓑蛾

茶褐蓑蛾 *Mahasena colona*，又称茶褐背袋虫，属鳞翅目，蓑蛾科，是茶园常见的一种食叶害虫。以幼虫咬食叶片为害，低龄幼虫取食叶肉，留上表皮形成枯斑，高龄幼虫取食叶片呈孔洞、缺刻。

发生规律和习性 茶褐蓑蛾一年发生1代，以幼虫在茶树枝叶上的护囊内越冬。翌年3月越冬幼虫开始取食为害，6月上旬开始化蛹，6月中旬成虫羽化、交尾产卵，卵于6月下旬开始孵化，幼虫又开始取食为害，一般11月进入越冬。

雌成虫的产卵量300～900粒。初孵幼虫在护囊内先取食卵壳，后从母囊下端的排泄孔爬出，并迅速分散，寻找嫩叶，吐丝结囊。茶褐蓑蛾幼虫的护囊疏松，活动性差，扩散性相对也较弱，因此常形成发虫中心。幼虫4龄前取食形成透明枯斑，5龄后取食叶片形成孔洞、缺刻。幼虫向光性较弱，初孵幼虫先在茶丛上部活动，

茶褐蓑蛾成虫（左：雌虫，无翅，体长约15毫米；右：雄虫，体长约15毫米，翅展约24毫米）

随龄期增长，逐渐下移，多聚于中下部为害老叶和成叶。

　　防治方法　①农业防治。结合茶园管理，发现虫囊后及时摘除，集中处理。②生物防治。在 1 ～ 2 龄幼虫盛发期喷施生物制剂，可选用 8000IU/ 毫克苏云金杆菌可湿性粉剂 800 ～ 1000 倍液，或 0.6% 苦参碱水剂 800 ～ 1000 倍液，注意喷施药剂时将叶背均匀喷湿。③化学防治。防治适期应掌握在 1、2 龄幼虫期，施药集中在发生为害中心，可结合茶园其他害虫的防治进行兼治。

茶褐蓑蛾幼虫（成熟时体长 18 ～ 25 毫米）

茶褐蓑蛾蛹（左雌右雄，长 16 ～ 25 毫米）

茶褐蓑蛾护囊（左雌右雄，长 25 ～ 40 毫米，囊外附着众多的碎叶片，略呈鱼鳞状松散重叠）

茶褐蓑蛾为害状（现发虫中心）

茶褐蓑蛾为害状

14 斜纹夜蛾

斜纹夜蛾 *Prodenia litura*，又名莲纹夜蛾，属鳞翅目，夜蛾科，是较常见的一种杂食性害虫。以幼虫啃食茶树叶片为害，低龄幼虫啃食叶肉，在叶片上形成网纹状透明斑，高龄幼虫取食后形成缺刻或孔洞，有时也啃食嫩茎。

发生规律和习性 斜纹夜蛾一年发生 5 ～ 9 代，各地发生代别不一。在广东等南方地区发生代数多，且无越冬或滞育现象。在江南茶区一般发生 5 代，7 月下旬或 9 月中旬发生最多，为害夏秋茶。斜纹夜蛾喜高温，抗寒力弱，冬季长时间 0℃ 左右即不能生存。长江流域及其以北地区野外斜纹夜蛾基本不能越冬，成虫从南方迁飞而来，多在炎热季节发生为害。

成虫趋光性强，喜食糖醋酒发酵物和花蜜，有长距离迁飞习性。卵多产于茶丛中部叶片背面。幼虫多为 6 龄，有假死性。初孵幼虫具有群集为害习性，3 龄以后则开始分散，4 龄后进入暴食期。幼虫老熟后入土化蛹。

防治方法 ①农业防治。结合伏耕和冬耕施肥，深翻灭蛹。②物理防治。在成虫发生期可使用杀虫灯诱杀

斜纹夜蛾成虫(体长 14 ～ 16 毫米，　斜纹夜蛾卵块
翅展 35 ～ 40 毫米)

成虫，或糖醋液（糖∶醋∶水为3∶1∶6）诱杀，或在糖醋液的盆上加挂斜纹夜蛾性诱剂诱杀成虫。③生物防治。可喷施200亿PIB/克斜纹夜蛾核型多角体病毒水分散粒剂12 000～15 000倍液于1～2龄期进行防治。④化学防治。在3龄幼虫期前进行防治，选用药剂可参照茶尺蠖。

斜纹夜蛾幼虫（成熟时体长约30毫米）

斜纹夜蛾蛹
（长15～20毫米）

斜纹夜蛾为害状

15 茶潜叶蝇

茶潜叶蝇成虫（体长约 1.5 毫米）

茶潜叶蝇幼虫（箭头处，成熟时体长约 2.2 毫米）

茶潜叶蝇 *Tropicomyia theae*，又名茶黄潜叶蝇，属双翅目，黄潜蝇科，是茶园较常见的一种小型食叶害虫。以幼虫在叶片内蛀食叶肉为害，叶面被害后呈现苍白线痕，严重时整个叶片呈白色。

发生规律和习性 年发生代数不详，以蛹在叶组织内越冬。春暖季节出现成虫，卵散产于嫩叶表面。幼虫孵化后蛀入叶内潜食叶肉，老熟后即在叶内潜道中化蛹。在江西婺源，为害盛期一般为 9 月下旬至 11 月中旬，荫蔽高湿的茶园 8 月也可大发生。

防治方法 ①农业防治。采用轻修剪或重修剪，剪除带虫枝条，并将之带出茶园。②物理防治。人工摘除带虫叶。③化学防治。在低龄幼虫期，可结合茶园其他害虫的防治进行兼治。

茶潜叶蝇蛹（箭头处，长 1.8 ～ 2.0 毫米）

茶潜叶蝇为害状（初期）

茶潜叶蝇为害状（后期）

16 茶丽纹象甲

茶丽纹象甲 *Myllocerinus aurolineatus*，又名茶叶象甲、茶叶小象甲、茶小绿象甲、黑绿象甲虫、小绿象甲虫、长角青象虫，属鞘翅目，象甲科，是我国茶区夏茶期间的一种重要害虫。主要以成虫取食叶片为害，受害叶片叶缘呈不规则状缺刻，严重时仅留叶片主脉。

发生规律和习性 茶丽纹象甲一年发生 1 代，以幼虫在土壤中越冬。在福建，4 月中旬起成虫陆续出土，5 月为成虫为害高峰。在浙江和安徽，成虫在 5 月中旬初见，出土盛期在 6 月上旬，一般 6 月上旬至 7 月上旬为成虫为害高峰，7 月下旬至 8 月初成虫绝迹。

初羽化出的成虫乳白色，在土中潜伏，待体色由乳白色变成黄绿色后才出土。成虫具假死习性，受惊后即坠落地面。成虫产卵盛期在 6 月下旬至 7 月上旬，卵分批散产在茶树根际附近的落叶或 1～2 厘米深的表土中。幼虫孵化后在表土中活动取食茶树及杂草根系，直至化

茶丽纹象甲成虫（体长 6～7 毫米）

茶丽纹象甲为害状

蛹前再逐渐向土表转移。

　　防治方法　①农业防治。7—8月进行茶园耕锄、浅翻及秋末施基肥、深翻，可明显影响初孵幼虫的入土及此后幼虫的存活。②物理防治。利用成虫的假死性，在成虫发生高峰期用震落法捕杀成虫。③生物防治。可选用200亿孢子/克球孢白僵菌可分散油悬浮剂250倍液，或80亿孢子/毫升金龟子绿僵菌CQMa421可分散油悬浮剂750倍液，于成虫出土之前对茶树根部及行间土壤进行喷洒，注意将表土喷湿，间隔7～10天连续喷施2次。④化学防治。施药适期应掌握在成虫出土盛末期，药剂可选用10%联苯菊酯水乳剂1000～2000倍液或240克/升虫螨腈悬浮剂1500倍液。

17 茶角胸叶甲

茶角胸叶甲 *Basilepta melanopus*，又名黑足角胸叶甲，属鞘翅目，肖叶甲科，是我国南方茶区较常见的一种食叶害虫。主要以成虫取食叶片为害，取食后叶片上形成不规则的小洞，发生严重时叶片上千疮百孔。

发生规律和习性 茶角胸叶甲一年发生1代，以幼虫在土中越冬。在湖南等地，成虫在4月下旬开始羽化，5月中旬至6月中旬盛发；在广东等较温暖的地区，成虫开始羽化时期和盛发时期要略早，成虫发生期在4月上旬至6月上旬。

成虫无趋光性，白天多静伏在表土和枯枝落叶下，也有部分潜伏在叶背。有一定的飞行能力，具假死性。

茶角胸叶甲为害状（叶片上孔洞直径2～3毫米）

茶角胸叶甲成虫（体长3～4毫米、宽1.5～2.0毫米）

雌成虫多产卵于落叶层下土表内，幼虫孵化后钻入土中生活，可取食茶树幼嫩的须根，温度低的时候会钻入土层较深的地方，温度回暖后上升至浅土层，幼虫老熟后在土室内化蛹。

防治方法 ①农业防治。在秋冬至早春，翻耕土壤可灭杀土中幼虫和蛹；5—6月结合中耕清除落叶杂草，可杀灭部分成虫和卵。②物理防治。于成虫发生期在茶园中下部茶行间悬挂黄板，可以诱杀大量成虫。或利用其假死习性，在成虫盛发期将塑料薄膜铺于树下，拍打树冠震落成虫后，集中消灭。③生物防治。可选用绿僵菌制剂进行防治，于成虫出土之前，在行间开沟撒施2亿孢子/克金龟子绿僵菌CQMa421颗粒剂5～10千克/亩；于成虫出土后，蓬面喷施80亿孢子/毫升金龟子绿僵菌CQMa421可分散油悬浮剂750倍液，连续喷施2次，间隔5～7天。④化学防治。在成虫出土盛末期进行施药，药剂可选用10%联苯菊酯水乳剂1000～2000倍液。

18 毛股沟臀叶甲

毛股沟臀叶甲 *Colaspoides femoralis*，又名茶叶甲，属鞘翅目，肖叶甲科，是我国南方茶区较常见的一种食叶害虫。以成虫咬食嫩叶和嫩茎为害，影响茶叶生长。常与角胸叶甲混合发生。

发生规律和习性 毛股沟臀叶甲一年发生 1 代，以幼虫在茶丛根际土中越冬。在湖南，成虫发生期在 4 月下旬至 6 月中旬。在贵州，成虫多在 6 月盛发。冬季低温和幼虫感染白僵菌对种群影响较大。

成虫畏光，善飞，具假死性，受惊后即坠地伴死。羽化出土后便爬上茶树取食树冠层叶片，以芽下三、四叶受害最重。还可取食未木质化的嫩茎，形成缺口。卵散产于落叶下表土中。幼虫生活在土中，取食腐殖质与须根。

防治方法 参照茶角胸叶甲。

毛股沟臀叶甲成虫（体长 4.8 ～ 6.0 毫米、宽 2.9 ～ 3.4 毫米）

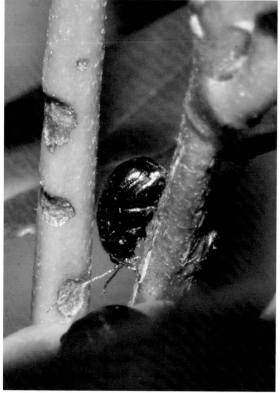

毛股沟臀叶甲为害状（上：为害嫩叶，下：为害嫩茎）

第三节 钻蛀类和地下害虫

1 茶天牛

茶天牛 *Aeolesthes induta*，又名楝树天牛，属鞘翅目，天牛科，是茶园常见的一种蛀干害虫。以幼虫钻蛀枝干和根部为害茶树，受害株生长不良，叶片枯黄，严重时全株枯死。

发生规律和习性 茶天牛一般两年或两年多发生1代，以成虫或幼虫在虫道内越冬。越冬成虫于翌年春季咬穿茎干或自原排泄孔爬出，爬出后2～3天交尾。成虫多在5月上旬起出现。

成虫具趋光性，喜夜晚和凌晨活动。卵散产于根颈或主干基部。产卵时会先将韧皮部咬开，再插入产卵器产卵，或产在茎皮裂缝或枝干上的苔藓内，通常每株茶树产1枚卵。幼虫孵化后先咬食枝干皮层，2天内进入木质部，逐渐向下蛀食近地面的茎干、根颈和根部，深者可达地下30厘米以上。幼虫期约10个月，甚至更长。幼虫老熟后上移至离地面3～10厘米的虫道里，逐渐开始在长圆形石灰质茧中蜕皮化蛹。成虫羽化后在蛹室内越冬。茶天牛

茶天牛成虫（体长23～38毫米）

钻蛀的茶树根颈部会留有细小排泄孔，孔外地面堆有木屑状虫粪。

茶天牛幼虫（成熟时体长 37～52 毫米）

茶天牛蛹（长 25～38 毫米）

防治方法 ①物理防治。可在成虫发生期安装杀虫灯诱杀成虫，或于清晨人工捕捉，也可熬制糖醋酒液（糖:醋:酒:水为 3:2:1:10）或使用蜂蜜 20 倍稀释液作为诱饵，诱集成虫后集中销毁。②化学防治。从排泄孔注入杀虫剂，或将浸过 80% 敌敌畏乳油 100 倍液的棉球塞入排泄孔中，再用泥巴封口，毒杀幼虫。

茶天牛木屑状虫粪

2　茶枝木蠹蛾

茶枝木蠹蛾 *Zeuzera coffeae*，又名咖啡木蠹蛾，属鳞翅目，木蠹蛾科，是一种较常见的茶树钻蛀害虫。以幼虫钻蛀茶树枝杆为害，被害枝自上而下逐渐凋萎，引起梢枯易折。

发生规律和习性　茶枝木蠹蛾以幼虫在茶树茎干蛀道内越冬，一年发生 1 ~ 2 代。成虫多在 5—6 月羽化。幼虫蛀食茶树枝干，向下蛀成虫道，最终直达枝干基部。蛀道内壁光滑且多凹穴，枝干外常有 3 ~ 5 个排泄孔，零乱排列不齐，排泄孔外多粒状虫粪。幼虫有转梢为害的习性，每头虫可蛀食 5 ~ 10 个枝干。

茶枝木蠹蛾幼虫（体长 30 ~ 35 毫米）

防治方法　①农业防治。在 8—9 月发现细枝枯萎及虫粪时，立即剪除虫枝。②物理防治。利用成虫趋光性，在 5 月中旬至 6 月下旬成虫发生期安装杀虫灯诱杀成虫。③化学防治。在 6 月下旬盛孵期，可结合其他害虫的防治进行兼治。

茶枝木蠹蛾虫粪

3 黑翅土白蚁

黑翅土白蚁 *Odontotermes formosanus*，又名黑翅大白蚁、台湾黑翅白蚁，属膜翅目，蚁科，是蛀食茶树根茎部的一种害虫。以蚁群取食茶树根茎部树皮及浅木质层为害，致使茶树枝干空洞枯死。

发生规律和习性 黑翅土白蚁具有群栖性。蚁后产的卵发育成幼蚁，幼蚁分化为生殖蚁、工蚁和兵蚁。兵蚁专施保卫蚁巢，工蚁担负筑巢、采食和抚育幼蚁等工作，生殖蚁逐渐生长成为有翅蚁。有翅蚁善飞行、有趋光性，羽化后飞到新的场所，即脱翅求偶，成对钻入地下筑新巢，成为新的蚁王或蚁后从而繁殖新蚁群。在新巢的成长过程中，不断发生结构上和位置上的变化，蚁巢腔室由小到大、由少到多。工蚁采食时在茶树树干外做泥被和泥线，形成大块蚁路，严重时泥被环绕整个树干而形成泥套，造成茶树长势衰退。

防治方法 ① 物理防治。在繁殖蚁羽化盛期，在田间安装杀虫灯诱杀成虫；或在白蚁为害区域寻找蚁路，挖除蚁巢。② 化学防治。可在蚁群出没的区域埋放毒饵，任工蚁带回巢内毒杀蚁群。

黑翅土白蚁工蚁
（体长 4.6～4.9 毫米）

黑翅土白蚁在茶树上形成的泥套

4 东方行军蚁

东方行军蚁 *Dorylus orientalis*，又名东方食植矛蚁，俗称黄蚂蚁，属膜翅目，蚁科。主要以工蚁啃食茶树根颈的韧皮部进行为害，形成环剥或烂皮状，破坏茶树营养的输送，致使茶树萎黄枯死。

发生规律和习性 东方行军蚁为社会性昆虫，在地下筑巢聚集生活。成虫有工蚁、雌蚁和雄蚁3种形态，其卵、幼虫和蛹均生活在土壤中。主要以工蚁为害植物，它负责觅食、养育幼虫及保护本群中的成员。东方行军蚁喜欢在坟山周围的园地、田埂土坎多的丘块、房前屋后的菜园土、新垦植的园地打洞筑巢。有机质多的壤土和较疏松的黄泥土、砖红壤、灰泥土对其发生有利，发生相对较严重。东方行军蚁有嗜香、嗜甜、嗜腥的特性。施用未经沤制腐熟的圈肥、菜油枯饼、花生饼等有机肥易诱集东方行军蚁前来为害；而使用复合肥、尿素等无机肥和经过发酵的有机肥，东方行军蚁的活动就少。

东方行军蚁大型工蚁（体长5～6毫米）

防治方法 ①农业防治。及时铲除杂草，特别是铲除茶园周边的小飞蓬、香丝草等杂草。注意合理施肥，施用有机肥料时必须完全发酵腐熟。②物理防治。利用有翅繁殖蚁的趋光性，可在6—7月用杀虫灯诱杀有翅蚁，以减少下一代幼虫数量。③化学防治。可选用茶园常用杀虫剂，如 2.5% 溴氰菊酯乳油 800 倍液，对茶树根颈部进行喷施，或找到蚂蚁巢穴进行灌浇毒杀。

东方行军蚁在取食

东方行军蚁为害状

附录：茶园适用农药品种及其安全使用方法

农药名称	推荐使用剂量（毫升或克／亩）	稀释倍数	安全间隔期（天）	施药方法、每季最多使用次数
80% 敌敌畏乳油	100 ～ 150	500 ～ 750	7	喷雾1次
45% 马拉硫磷乳油	75 ～ 100	750 ～ 1000	14	喷雾1次
10% 联苯菊酯水乳剂	20 ～ 25	3000 ～ 3750	7	喷雾1次
25 克／升联苯菊酯乳油	50 ～ 100	750 ～ 1500	7	喷雾1次
10% 氯氰菊酯乳油	25.0 ～ 37.5	2000 ～ 3000	7	喷雾1次
4.5% 高效氯氰菊酯乳油	37.5 ～ 50.0	1500 ～ 2000	10	喷雾1次
25 克／升高效氯氟氰菊酯乳油	37.5 ～ 75.0	1000 ～ 2000	5	喷雾1次
25 克／升溴氰菊酯乳油	50 ～ 75	1000 ～ 1500	5	喷雾1次
240 克／升虫螨腈悬浮剂	30 ～ 50	1500 ～ 2500	7	喷雾1次
15% 茚虫威乳油	20 ～ 25	3000 ～ 3750	10	喷雾1次
25% 噻虫嗪水分散粒剂	4 ～ 6	12 500 ～ 18 750	5	喷雾1次
0.6% 苦参碱水剂	75	1000	7*	喷雾
6% 鱼藤酮微乳剂	40 ～ 60	1250 ～ 1875	7	喷雾

（续）

农药名称	推荐使用剂量（毫升或克/亩）	稀释倍数	安全间隔期（天）	施药方法、每季最多使用次数
0.5% 藜芦根茎提取物可溶液剂	75～100	750～1000	7*	喷雾
99% 矿物油乳油	300～500	150～250	5*	喷雾
8000IU/毫克苏云金杆菌可湿性粉剂	100～150	500～750	3*	喷雾
1万 PIB·2000IU/微升茶核·苏云菌悬浮剂	50～100	500～1000	3*	喷雾
400亿孢子/克球孢白僵菌可湿性粉剂	25～30	2500～3000	3*	喷雾
80亿孢子/毫升金龟子绿僵菌 CQMa421 可分散油悬浮剂	40～60	1250～1875	3*	喷雾
75% 百菌清可湿性粉剂	100～125	600～750	10*	喷雾2次
10% 苯醚甲环唑水分散粒剂	50～75	1000～1500	14	喷雾3次
250克/升吡唑醚菌酯悬浮剂	37.5～75.0	1000～2000	7	喷雾2次
22.5% 啶氧菌酯悬浮剂	37.5～75.0	1000～2000	10	喷雾2次
3% 多抗霉素可湿性粉剂	250	300	7*	喷雾3次
45% 石硫合剂结晶粉	500	150	采摘期不宜使用	喷雾
29% 石硫合剂水剂	1500	50	采摘期不宜使用	喷雾

注：*为暂行标准；书中所列可使用的农药品种应随着国家对该农药品种在茶园中的登记调整而做出相应的调整。

参考文献

《中国农业作物病虫图谱》编绘组，1985.中国农业作物病虫图谱第六分册 [M].北京：农业出版社.

包强，周品谦，肖蕾，等，2020.金龟子绿僵菌 CQMa421 防治茶角胸叶甲的田间应用效果 [J].中国茶叶 (11): 50-54.

陈宗懋，陈雪芬，1990.茶树病害的诊断和防治 [M].上海：上海科学技术出版社.

陈宗懋，孙晓玲，2013.茶树主要病虫害简明识别手册 [M].北京：中国农业出版社.

韩文炎，2004.茶树缺硫诊断与施硫技术研究进展 [C].中国茶叶学会成立四十周年庆祝大会暨 2004 年学术年会 :51-57.

洪晓月，2011.农业螨类学 [M].北京：中国农业出版社.

江宏燕，陈世春，胡翔，等，2021.茶网蝽的"克星"——军配盲蝽 [J].中国茶叶 (2): 33-35.

李红莉，崔宏春，黄海涛，等，2021.联苯菊酯等 4 种杀虫剂对茶小贯小绿叶蝉的田间防效 [J].浙江农业科学 (3):565-566.

李金龙，玉香甩，罗美云，等，2021.凤庆茶黄蓟马发生规律及农药防控技术 [J].江苏农业科学 (8): 118-123.

李先智，2014.常见农药药害的诊断及应采取的补救措施 [J].农业与技术 (7):128.

龙亚芹，任国敏，王雪松，等，2022.云南省茶园茶谷蛾的发生及其习性观察 [J].环境昆虫学报 (2): 352-358.

罗鸿，崔清梅，蔡晓明，等，2021.茶网蝽安全防治药剂与高效施药技术研究 [J].茶叶科学 (3): 361-370.

唐美君，肖强，2018.茶树病虫及天敌图谱 [M].北京：中国农业出版社.

唐美君，袁玉伟，郭华伟，2010.茶园安全用药 100 问 [M].北京：化学工业出版社.

汪荣灶，1992.茶潜叶蝇的为害及其防治 [J].中国茶叶 (3): 7.

王志博，肖强，2019.茶树甬道的开掘者——茶天牛 [J].中国茶叶 (7): 12-14.

王志博，郭华伟，包强，等，2021.湖南首次发现东方行军蚁为害茶树 [J].茶叶通讯 (1):55-59.

肖强，王志博，杨晨，2021.茶树上的跳跃健将——可可广翅蜡蝉 [J].中国茶叶 (3): 15-17.

肖强，2013.茶树病虫害诊断及防治原色图谱 [M].北京：金盾出版社 .

肖强，2019."张冠李戴"话茶小绿叶蝉 [J].中国茶叶 (5):14-16.

颜鹏，2017.茶园防灾减灾实用技术 [M].北京：中国农业出版社 .

杨文波，向芬，刘红艳，等，2022.防治茶白星病的杀菌剂筛选及防效评价 [J].中国植保导刊 (5): 71-73，85.

虞国跃，张君明，2021.斜纹夜蛾的识别与防治 [J].蔬菜 (8):82-83，89.

张汉鹄，谭济才，2004.中国茶树害虫及其无公害治理 [M].合肥：安徽科学技术出版社 .

周凌云，刘红艳，李维，等，2020.百年探秘求真相——茶白星病 [J].中国茶叶 (2): 11-13，23.

朱俊庆，1999.茶树害虫 [M].北京：中国农业科技出版社 .

TAO Z L, WANG Z B, XIAO Q, et al, 2021. Neospastis camellia S.Wang, nom. nov. (Lepidoptera: Xyloryctidae), a replacement name of N. simaona in China[J]. Zoological Systematics (4): 323-327.

XU Y, DIETRICH C H, ZHANG Y L, et al, 2021. Phylogeny of the tribe Empoascini (Hemiptera: Cicadellidae: Typhlocybinae) based on morphological characteristics, with reclassification of the Empoasca generic group[J]. Systematic Entomology (1): 266-286.

ZHOU L Y, LI Y F, JI CH Y, et al, 2020.Identification the of pathogen responsible for tea white scab disease[J]. Journal of Phytopathology (1): 28-35.